本书出版受国家自然科学基金项目（

基于分形理论的废弃纤维再生混凝土耐久性能研究

康天蓓　周静海　王凤池　丁向群　著

中国建筑工业出版社

图书在版编目（CIP）数据

基于分形理论的废弃纤维再生混凝土耐久性能研究/
康天蓓等著.—北京：中国建筑工业出版社，2019.10
ISBN 978-7-112-24056-2

Ⅰ.①基…　Ⅱ.①康…　Ⅲ.①再生混凝土-耐用性-
研究　Ⅳ.①TU528.59

中国版本图书馆 CIP 数据核字（2019）第 167745 号

　　废弃纤维再生混凝土"以废治废"的理念符合建筑产业未来发展的大趋势，本书借助分形理论，从"多尺度"角度研究了废弃纤维再生混凝土的孔结构、抗氯离子侵蚀性能，并建立了基于细观孔结构分形特征的氯离子扩散模型，所得研究成果可为废弃纤维再生混凝土耐久性的研究提供理论基础。

　　本书内容共 8 章，分别是：绪论，废弃纤维再生混凝土力学性能，废弃纤维再生混凝土细观结构，混凝土孔结构分形模型，废弃纤维再生混凝土的孔结构，废弃纤维再生混凝土抗氯离子侵蚀性能，基于孔结构分形特征的废弃纤维再生混凝土氯离子扩散模型，结论和展望。

　　本书适用于建筑材料专业从业人员参考使用。

责任编辑：万　李
责任校对：芦欣甜

基于分形理论的废弃纤维再生混凝土耐久性能研究

康天蓓　周静海　王凤池　丁向群　著
*
中国建筑工业出版社出版、发行（北京海淀三里河路9号）
各地新华书店、建筑书店经销
北京佳捷真科技发展有限公司制版
北京建筑工业印刷厂印刷
*
开本：787×1092 毫米　1/16　印张：8½　字数：207 千字
2020 年 3 月第一版　2020 年 3 月第一次印刷
定价：**36.00** 元
ISBN 978-7-112-24056-2
（34562）

前　言

世界经济体系的高速发展和人民物质生活水平的日益提高，伴随着人口膨胀、资源、能源日渐匮乏以及环境恶化等问题，人与自然的可持续发展成了一个亟需解决的问题。我国于2003 年 7 月，在《21 世纪初可持续发展行动纲要》中强调指出"在资源保护方面，要合理使用、节约和保护水、土地、能源、森林、草地、矿产、海洋、气候等资源，提高资源利用率和综合利用水平"。2017 年 10 月召开的第十九次全国代表大会上，习近平总书记更是提出了建设美丽中国，为人民创造良好生产生活环境，为全球生态做出贡献的重要指示。

废弃纤维再生混凝土"以废治废"的理念符合建筑产业未来发展的大趋势。目前，由氯离子侵蚀造成的钢筋锈蚀是混凝土结构性能退化、提前退出服役的主要耐久性问题。孔结构是外界氯离子侵入混凝土中的唯一路径，构件宏观上表现出来的力学、耐久性等性能，都是由细观上的复杂结构造成的，废弃纤维再生混凝土由于再生粗骨料和废弃纤维的加入使其细观孔结构更为复杂。基于此，本研究借助分形理论，从"多尺度"角度研究了废弃纤维再生混凝土的孔结构、抗氯离子侵蚀性能，并建立了基于细观孔结构分形特征的氯离子扩散模型。本书中的研究成果可为废弃纤维再生混凝土耐久性的研究提供理论基础。

全书共分 8 章，系统地论述了废弃纤维再生混凝土细观尺度孔结构与宏观尺度耐久性的关系。其中，第 1 章为绪论，对再生混凝土和纤维再生混凝土的力学性能、耐久性以及孔结构对耐久性影响的研究现状进行了论述，在此基础上提出了本书的研究内容和学术观点。第 2 章介绍了废弃纤维再生混凝土的宏观力学性能，并对抗压强度和劈裂抗拉强度的尺寸效应进行分析。第 3 章主要介绍废弃纤维再生混凝土的细观结构，并探究了细观结构和宏观力学性能的关系。第 4、5 章集中阐述了废弃纤维再生混凝土的细观孔结构，其中结合分形理论对孔结构的整体进行表达，提出定量表达的方法。第 6、7 章逐步深入地论述了废弃纤维再生混凝土抗氯离子侵蚀性能，从"多尺度"角度建立基于分形理论的废弃纤维再生混凝土氯离子扩散模型。为了方便读者，第 8 章对本书的研究内容进行了总结并提出了展望。

本研究工作得到了同济大学李杰教授的指导，李杰教授从整体上把控了本研究内容的研究方向，并提出了建设性的意见，作者对李杰教授所做的工作表示由衷的感谢。

参与具体研究工作的还有硕士研究生郭易奇、王晓天、张斯远、潘美旭、杨健男、张广祺、张亚萍、李武超、戚玥、葛峰、赵琦、吕炎、卢俊文、林东野、赵丽、王翊臣等。本书在编写过程中，参考了许多公开发表的学术论文、著作、规范等，并将其列入参考文献中。本书得到了国家自然科学基金项目（51678374）的资助和支持。正是各方面的支持与帮助才有了本书的顺利出版，作者对上述支持表示诚挚的感谢。

由于作者的时间和水平有限，书中无法全面地解决所有问题，难免有思考局限、书写错误和疏漏之处，期待读者的建议与批评。

2019 年 10 月

于沈阳建筑大学

目　　录

1 绪 论

1.1 研究背景及意义

世界经济体系的高速发展及人民物质生活水平的日益提高，伴随着人口膨胀、资源、能源日渐匮乏以及环境恶化等问题，人与自然的可持续发展成了一个亟需解决的问题。我国于 2003 年 7 月，在《21 世纪初可持续发展行动纲要》中强调"在资源保护方面，要合理使用、节约和保护水、土地、能源、森林、草地、矿产、海洋、气候等资源，提高资源利用率和综合利用水平"。2017 年 10 月召开的第十九次全国代表大会上，习近平总书记更是提出了建设美丽中国，为人民创造良好生产生活环境，为全球生态做出贡献的重要指示，并强调："必须树立和践行绿水青山就是金山银山的理念"。

随着建筑产业的不断发展，尤其是房地产行业的高速发展，我国每年产生的建筑垃圾产量占城市垃圾总量的 30%～40%。从 2010 年到 2017 年，我国建筑垃圾的产量及同比增长率如图 1-1 所示。

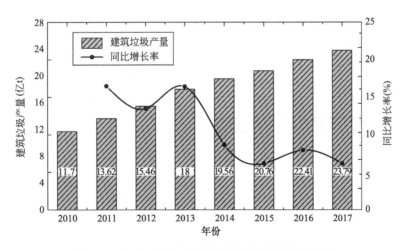

图 1-1 2010～2017 年我国建筑垃圾产量及增长率

由图 1-1 可以看出，我国 2017 年的建筑垃圾产量已经高达 23.79 亿 t，相比国家统计年鉴发布的 2001 年的 2.97 亿 t 增长了 7 倍之多。2010 年至 2017 年间，虽然建筑垃圾产量的同比增长率有所降低，但是总产量仍在增加。中华普研行业调研报告显示，至 2020 年我国建筑垃圾的产量可达 39.66 亿 t。由国土资源部组织开展的全国城镇土地利用情况的汇总数据表明，截至 2013 年 12 月 31 日，我国城镇土地总面积为 858.1 万 hm²，其中城市面积占 47%，建制镇面积占 53%，如果建筑垃圾按照图 1-1 的排放量并进行堆放，不到 200 年的时间，我国的城市面积将被建筑垃圾堆满。

这些建筑垃圾给生态环境造成了不容小觑的危害，主要体现在对水资源、土壤和水环境的污染及土地资源的侵占等方面。目前，我国对建筑垃圾的处理方式为：只有少数用作平整场地的材料重新回收再利用，大多数是被运往郊外及乡村进行露天堆放或经过简单处理后填埋。这些处理方式不仅侵占了土地资源，加大了我国人多地少的矛盾，同时也对生态环境产生了不可估计的负面影响。建筑垃圾经过长期堆放产生的有毒物质会破坏土壤的物质组成并降低土壤的活性，与此同时，含有大量金属离子和硫化氢的渗透水会导致地表水和地下水的污染，这种生态破坏是不可逆的。

除了产生大量建筑垃圾外，建筑行业一直是全球经济支出的主要方向，随着城镇化比率增长趋势的加大，在未来数十年内，仍需承担大量的建筑生产工作。建筑材料中，尤其是混凝土的消耗量相当庞大，自 20 世纪 90 年代以来，全球范围内每年都要消耗将近 80 亿 t 的混凝土用于生产建设，而我国的年消耗量占全球范围的 20%～25%，这也意味着每年都要消耗大量的自然资源。而混凝土原材料中的砂石并非是取之不尽，用之不竭的，在如此大的消耗下，呈现出了枯竭之势。因此，人们不得不开山采石，掘地淘沙。在我国南方很多地区，天然河砂趋于枯竭，不得已采用海砂替代，然而海砂中含有大量氯离子，制备成的混凝土构件会对钢筋造成锈蚀，从而降低混凝土的耐久性，很多学者为了解决这个自然资源匮乏带来的问题不得不投入大量精力、财力进行研究。

面对建筑垃圾大量产生和自然资源匮乏、生态破坏等严峻形势，国家发改委及相关部门在"十一五"期间，提出建筑产业的发展目标为节能减排，努力发展可循环经济，并且扩大资源化利用的规模，完善相关政策措施和技术装备。我国"十二五"规划将加快绿色建筑产业的发展作为主要任务，倡导加快建筑废弃物的合理综合利用，并促进建筑废弃物集中处理和分级处理的发展。"十三五"期间，国家更是提出了建筑垃圾资源化与环保型建筑材料的战略需求。部分建筑垃圾资源化相关政策列于表 1-1 中。

部分建筑垃圾资源化相关政策 表 1-1

时间	文件名称	颁发机构
"十一五"期间	国务院关于印发节能减排综合性工作方案的通知(国发[2007]15 号)	国务院
	循环经济促进法(第 4 号)	主席令
	可再生能源法(第 27 号)	主席令
"十二五"期间	绿色建筑行动方案(国办发[2013]1 号)	国务院
	循环经济发展战略及近期行动计划(国发[2013]5 号)	国务院
	关于加快推进生态文明建设的意见(中发[2015]12 号)	国务院
"十三五"期间	"十三五"国家科技创新规划(国发[2016]43 号)	国务院
	再生能源发展"十三五"规划(发改能源[2016]2619 号)	发改委

通过对建筑垃圾分类回收并进行统计（图 1-2），2017 年的建筑垃圾中将近一半为废弃混凝土。如何将建筑垃圾中的废弃混凝土循环使用，将其进行资源化，成了混凝土生产技术中的重要问题，更是混凝土材料科学研究中的关键技术。因此，许多国内外专家学者提出了"再生混凝土"这个概念，再生混凝土就是将建筑垃圾中的废弃混凝土回收后，经过破碎、清除杂质和筛分等工艺后得到"再生骨料"，应用再生骨料部分或者全部取代天

然骨料重新制备的"绿色"混凝土。再生混凝土的产生不仅可以解决天然骨料资源匮乏的生态问题，还可以减少城市废弃物的堆放、土地侵占和水体污染等环境问题，使混凝土形成一个"产生—废弃—重生"的闭路循环，确保了建筑行业的可持续发展。将再生混凝土推广应用符合资源节约、节能环保、可持续发展的绿色概念，具有良好的环境和社会效益。

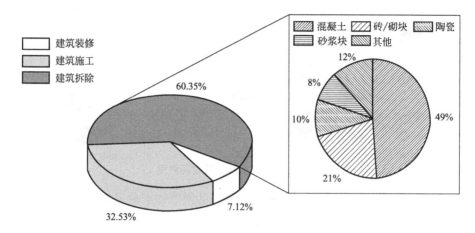

图 1-2　2017 年我国建筑垃圾来源分布

除了建筑行业外，随着我国人民生活水平的提高，消费结构发生了巨大转变，纤维制品成了生活中使用最广且不可替代的物品。根据国家发改委发布的报告预测，世界范围内纺织纤维的生产量至 2050 年至少达到 2.53 亿 t，是目前加工量的 3 倍以上，其中大部分为聚丙烯纺织纤维。这种大幅度的涨幅给社会带来了供给原材料短缺、环境污染以及废旧物回收困难等难题。天然纤维由于土地资源限制及制备工艺长等问题，很难大量生产，目前使用的纤维制品总量中的 85％都属于石油基的化学纤维。这些化学纤维在废弃之后的处理方式为焚烧、掩埋或者直接暴露在大气中，无论哪种处理方式都给环境带来巨大的压力。因此，将这些废旧纺织品进行回收再利用是亟需解决的问题，废弃纺织品回收再利用的图解如图 1-3 所示。美国联邦政府在 1976 年提出，到 2037 年美国要实现废旧纺织物的"零填埋"。目前，美国的废旧纺织品除了少部分回收后投入到纺织品的生产中或应用于其他产业外，大部分主要处理方式为慈善机构的旧物交易，这种处理方式随着废旧纺织制品产量的逐年增加已经不再满足供需关系，且治标不治本。我国废旧纺织品的回收方式为经过处理后重新应用于其他产业，处理的主要方式有：机械回收、能量回收、化学回收和物理回收等。

本书的研究对象"废弃纤维再生混凝土"是利用废弃混凝土和废弃纤维制备而成的新型绿色材料，其提出理念为"以废治废"，完全符合当今世界提出的可持续发展、环境保护、循环使用的绿色研究方向。废弃纤维加入到再生混凝土既可以改善再生混凝土抗拉强度低、抗裂性差的缺点，还给废旧纺织品的重新利用提供了新的方向。

随着我国基础建设的完善，混凝土结构的数量逐年增加。混凝土材料在大型构筑物、桥梁工程、大型水利工程中一直占有绝对的应用地位。长期以来，我国对混凝土结构的设计主要从结构安全和使用性能角度出发，并只重视投资的初始成本，对结构在复杂环境中

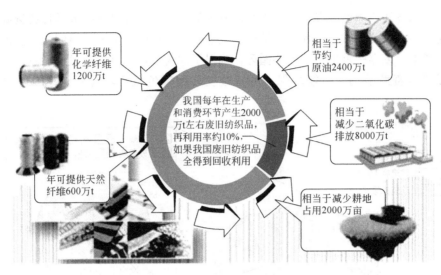

图 1-3　废旧纺织品的回收再利用

的耐久性考虑不足，造成了混凝土结构在使用期间的维修和维护成本增加，甚至结构在并未达到使用年限时便因为安全使用等原因提前退出服役。在我国 1994 年的铁路检查统计中，共有 6137 座铁路桥存在不同程度的损伤，占铁路桥梁总数的 18.8%，这是对经济、资源的巨大浪费，对混凝土结构的耐久性能进行研究是十分必要且迫切的。混凝土结构耐久性能的研究从结构角度主要包括材料性能、构件性能和结构体系三部分，从侵蚀损伤机理角度又分为：氯离子侵蚀、混凝土中性化、钢筋锈蚀、冻融破坏以及碱集料反映等方面。无论从哪种角度出发，材料本身耐久性的研究都是基础和前提，对于本文提出的废弃纤维再生混凝土这种新型绿色材料来说，如果要将其大规模的投产使用，那么对材料的耐久性能研究就显得尤为重要。在第二届国际混凝土耐久性会议上，特邀报告《混凝土耐久性——五十年进展》中提出："当今世界混凝土破坏原因，按重要性递减：钢筋锈蚀、冻害、物理化学作用。"我国 300 万 km^2 的海洋国土面积、化工厂排放的含有氯离子的废气等都是造成氯离子锈蚀的主要原因。综上所述，研究废弃纤维再生混凝土抗氯离子侵蚀性能具有重要的科学价值和实际意义。

1.2　再生混凝土和纤维再生混凝土研究现状

1.2.1　力学性能

再生骨料分为再生粗骨料、再生细骨料和再生粉体，再生细骨料和再生粉体品质不稳定，仍处于研究的初期阶段。目前，研究成果中的再生骨料一般特指再生粗骨料。再生粗骨料的性质是再生混凝土研究的基础，与天然粗骨料相比，再生粗骨料的表面附着一层硬化的老旧砂浆，造成了再生骨料的吸水率较高，同时增加了粗骨料的界面，导致压碎指标较天然粗骨料高。针对上述问题，学者们从再生粗骨料本身的特点出发，提出了许多有效改良再生粗骨料性能的方法：周静海等采用水泥砂浆对再生粗骨料进行浸泡预处理，包裹的水泥砂浆改善了再生骨料高吸水率的缺点，该方法可以有效地提高再生混凝土力学性能指标中的抗压强度；Zhan 等提出采用加速碳化技术加强粗骨料，在压力条件下 CO_2 与再生粗骨料中的 $Ca(OH)_2$、C-S-H 凝胶等反应生成的 $CaCO_3$ 沉淀于孔隙中，使得再生粗骨料的结构更加密实，强化粗骨料的性能；Mukharjee、范玉辉等采用纳米技术加强再生粗骨料，纳米材料能够通过控制结晶进程、加速水化、填充孔隙等方式与水泥基体材料进行反应，28d 的抗压强度可以接近普通混凝土；李秋义等为了达到提高再生粗骨料性能的目的，利用线速度≥80 m/s 的机械强化处理技术去掉再生粗骨料表面的老旧砂浆，对再生粗骨料颗粒进行"整形"，该方法大幅改善了再生粗骨料压碎指标、表观密度、堆积密度、密实度等评价指标。除此之外，再生粗骨料的加强方法还有超声波清洗、热处理、酸溶液处理、火山灰材料裹浆等，每种强化方法都有明显的优缺点，寻求一种既经济、不伤害骨料又有利于环境的方法是十分必要的，对再生骨料强化的研究仍是目前的研究热点。

在明确了再生粗骨料与天然粗骨料的性能差异后，在此基础上，国内外学者们开展了对再生混凝土力学性能的研究。在再生混凝土力学性能指标中的抗压强度方面取得了较多的研究成果，大部分学者的研究成果为：随着再生粗骨料取代的增加抗压强度减小，当取代率小于 30% 时对抗压强度值影响不大，当再生粗骨料取代率为 100% 时，抗压强度值下降约 10%～20%。但也有学者通过试验研究得到了相反的结果，再生骨料取代率在 25% 以内时，抗压强度略大于普通混凝土。图 1-4 为对部分代表性文献中的再生混凝土的抗压强度值变化规律的总结，总体上再生混凝土的抗压强度随着再生粗骨料取代率的增加而降低。图 1-4 的数据有一定的离散性，这是由于不同的试验背景导致的，包括再生粗骨料来源、配合比、骨料预处理方式以及成型方法等。除了再生粗骨料取代率外，水灰比是决定抗压强度值的另一关键因素，Rao 的研究成果显示，采用较小的水灰比配制高强再生混凝土，所获得的再生混凝土抗压强度与原生混凝土相差不大。Hansen 等提出，配置再生混凝土所采用的水灰比如果小于或等于原生混凝土的水灰比时，再生混凝土的抗压强度水平可与原生混凝土相当甚至更好。

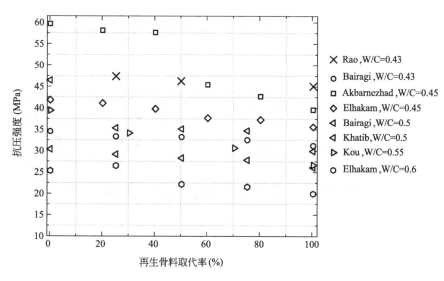

图 1-4　再生混凝土 28d 抗压强度

抗拉强度是再生混凝土力学性能的另一重要指标，图 1-5 为对部分代表性文献中，养护 28d 条件下再生混凝土抗拉强度值变化规律。Bairagi、肖建庄、Gómez 等人的研究成果表明，随着再生骨料取代率的增大，再生混凝土的抗拉强度减小。但是，大部分学者对抗拉强度的研究选择间接的方法，采用劈裂抗拉强度进行描述。劈裂抗拉强度随着再生粗骨料取代率的增加而产生的变化趋势与抗拉强度研究成果一致，即再生混凝土劈裂抗拉强度较普通混凝土差，可以通过调整改善骨料表面粗糙度、水灰比和提高浆体含量等方法增加再生粗骨料与砂浆的粘结强度。

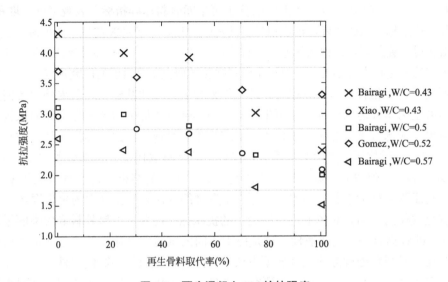

图 1-5　再生混凝土 28d 抗拉强度

　　抗折强度、弹性模量、收缩徐变等力学性能指标的研究成果与抗压强度和抗拉强度类似，再生粗骨料的掺入在一定程度上降低了材料的力学性能。学者们从水泥基体的研究入手提高再生混凝土的力学性能，将纤维材料加入到再生混凝土中，制备成纤维再生混凝土。作为加强纤维的种类主要有：钢纤维、聚丙烯纤维和玄武岩纤维等，各类纤维形态如图 1-6 所示。不同类型的纤维在再生混凝土基体产生裂缝时主要起到桥接作用，但由于纤维的形态和性质不同，因此改善和加强的力学性能不同。

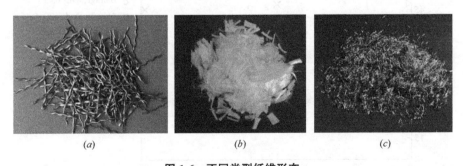

| (*a*) | (*b*) | (*c*) |

图 1-6　不同类型纤维形态

（*a*）钢纤维　（*b*）聚丙烯纤维　（*c*）玄武岩纤维

　　Carneiro 用两端为弯钩形态的钢纤维（体积分数 0.75%）提高再生混凝土的强度，研究表明，钢纤维的加入使再生细骨料混凝土的强度、断裂性能和耐磨性能都有了大幅度提高，而压缩性能与天然混凝土基本一致。Liu 等人对 54 个试件进行了拉拔试验，162 个试件进行了力学性能测试，通过正交试验确定了再生混凝土强度等级、玄武岩纤维体积掺入量和玄武岩纤维长度等参数，提出了玄武岩纤维再生混凝土的粘结应力—滑移本构关系，再生骨料取代率对粘结—滑移性能的影响高于玄武岩纤维的体积掺入量和纤维长度，加入玄武岩纤维后粘结—滑移曲线的递减段减小，随着纤维体积含量和纤维长度的增加，最大滑移量增加。章文姣等人采用钢纤维和聚丙烯纤维组成的混杂纤维作为再生混凝土的增强材料，研究成果表明，混杂纤维再生混凝土的劈裂抗拉强度显著提高，通过调整混杂纤维中各类纤维的配合比率可以控制混杂纤维所产生的正交化效应。陈爱玖等人的研究表明，影响纤维再生混凝土抗折强度的主导因素为纤维种类，波纹形状的钢纤维和聚丙烯混杂纤维对再生混凝土抗折强度的增强效果明显，而单掺聚丙烯纤维对抗折强度增强效果一般。

　　上述研究成果中所采用的纤维均为工业化生产的新纤维，它们的制备也会消耗大量的资源。废弃旧地毯纤维可以转化成各种有用的产品，而加入到混凝土中作为混凝土基体的增强纤维是其在建筑材料中的重要应用。Wang、Wu 提出将废旧地毯纤维加入到混凝土中可以增加其韧性、收缩性能和耐久性能，并且可应用于加固材料中。除了废旧地毯纤维外，还有少量的废旧钢纤维，它们则主要用于改善混凝土的耐磨性能。本书的研究对象，废弃纤维再生混凝土中的废弃纤维主要来自于废旧地毯的

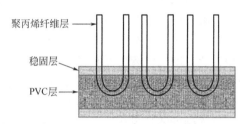

聚丙烯纤维层

稳固层

PVC层

图 1-7　废弃地毯的组成结构

聚丙烯纤维层，化学成分为聚丙烯，废旧地毯的组成结构如图 1-7 所示。

　　周静海等分别对废弃纤维再生混凝土的基本物理力学性能，以及梁、板、柱和节点等构件的力学性能进行了系统的研究。废弃纤维具有弹性模量较高和表面相对粗糙等特点，因此可以和水泥石基体进行很好的粘结。废弃纤维的加入对再生混凝土的抗压性能的改善情况一般，但可以大幅度的提高再生混凝土的劈裂抗拉性能、收缩性能、抗裂性能，降低长期徐变。再生混凝土构件的力学性能可以通过添加合理体积掺入量的废弃纤维来优化，其中废弃纤维可以有效地改善梁的抗弯性能，并且可以控制发生压弯破坏时的裂缝宽度。废弃纤维再生混凝土还具有良好的耗能能力，用废弃纤维再生混凝土制备梁柱节点具有一定的延性，较普通再生混凝土构件具有更好的抗震性能。废弃纤维的体积掺入量相比于废弃纤维长度对构件的力学性能影响大，最优的废弃纤维体积掺入量为 0.12%，过多的废弃纤维在制备过程中不易分散，抱团的废弃纤维会在构件中形成空鼓，过少的废弃纤维掺入量对构件性能的改善能力有限，因此确定合理的废弃纤维体积掺入量是研究影响废弃纤维改善再生混凝土力学性能的重要因素。

1.2.2　耐久性能

　　耐久性能是造成混凝土结构破坏、使构件提前退出服役的主要原因，因此对结构耐久性能的研究具有重要意义。混凝土结构耐久性能的研究主要考虑环境因素和材料层次两方面，环境因素主要为大气环境、海洋环境、土壤环境和工业环境；材料层次是研究结构耐久性能的基础，学者们主要从这个角度展开研究，普通混凝土耐久性能从材料层

次分类主要有混凝土碳化、离子渗透、冻融破坏、碱—集料反应及钢筋锈蚀等，对构件影响较大的耐久性能为抗渗性、抗冻融性能和抗侵蚀性能等。Mehta 等人指出混凝土在长期服役过程中，渗透性对混凝土耐久性的影响最大，混凝土的渗透性能是指在压力、化学势或电场作用下气体渗透、液体扩散或离子迁移的能力，以及各种介质的抗侵蚀能力。对抗渗性造成影响的因素很多，包括水灰比、水泥的品种、粗/细集料的性能、环境因素和养护条件等。混凝土的抗渗性和抗碳化的能力、与抵抗外界有害气体和液体的耐腐蚀性能、抗冻性能都有着密切的关系。一般认为，混凝土的抗渗性能越好，耐久性能也就越好。

再生混凝土由于再生粗骨料的加入使其耐久性能与普通混凝土不同。根据 Kou 等人的实验结果，再生骨料由于破碎的制备方式而存在初始损伤，内部存在一定数量的微裂缝，这些微裂缝都可以成为离子渗透的路径，因此造成了再生混凝土的抗渗性能比相同配合比的普通混凝土低。Kwan 等人认为，当再生骨料的取代率增加到 80％时，渗透性能较普通混凝土明显降低。与此同时，Evangista 等指出再生混凝土的毛细吸收作用、透水性以及氯离子扩散性都随着再生细骨料取代率的增加而增加。Olorunsogo 通过考虑氯离子导电性能、空气渗透性能和吸水性三个指标建立了再生混凝土耐久性评价体系，指标值可以用来表征体系的耐久性，指标值越大则耐久性能越差，再生骨料取代为 100％的指标值大于普通混凝土，但其性能随着养护时间的延长有所改善。

抗冻融性能是耐久性中的另一个重要研究内容。Malhotra 以水灰比为设计变量，进行了冻融循环试验，试验结果表明再生混凝土的抗冻融性能不低于普通混凝土，甚至在一定条件下优于普通混凝土，随后崔正龙得到了相同的结论。但是大部分学者的研究成果为试件处于饱和情况下，再生混凝土的抗冻性能较差，质量损失率较大，在不饱和的情况下抗冻性能有所提高，但是仍劣于普通混凝土，通过控制有效水灰比可以在一定程度上改善再生混凝土的抗冻性能。

各类纤维加入再生混凝土中作为增强材料，对抗渗性能和抗冻融性能的改善是显著的，这个结论的重要技术指标是纤维的类型和纤维的体积掺入量。在常用的聚丙烯纤维、钢纤维、玄武岩纤维中，钢纤维在一定的掺入比例下对耐久性能的改善最佳，但是钢纤维存在着造价高、较易腐蚀、变形能力较差和不易分散等特点。因此，在各类纤维中找到应用的平衡点仍旧是一个重要且亟需解决的课题。

1.3 混凝土孔结构与抗氯离子侵蚀性能研究现状

1.3.1 孔结构对耐久性能的影响

除了金属和塑性材料外，绝大多数的建筑材料为多孔材料，水泥基体和集料表面都含有各种尺寸的孔隙和微裂缝，在各位学者的研究成果中都认为对再生混凝土的耐久性能的影响比较重要因素为混凝土的孔结构。孔结构的分布复杂、孔径尺寸范围较大，根据不同的研究目标，所需测量孔的尺寸范围各不相同。常用的测孔方法有：光学法、等温吸附法、压汞法、SAXS/SANS 法等，各种方法测量的孔径范围如图 1-8 所示。不同的测孔方法有着不同的优缺点，应根据所测材料的孔结构特点进行选择。

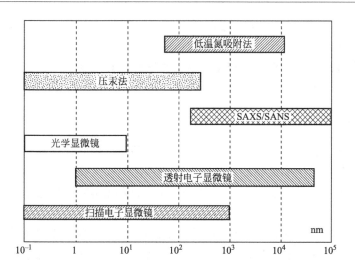

图 1-8 孔结构的测量方法及范围

　　压汞法是根据压入混凝土中的汞体积来计算孔径，测孔范围可以满足混凝土材料孔结构的研究要求，是目前学者们研究混凝土孔结构采用最多的方法，但是压汞法的测量结果只能反映开放连通的孔的情况。吸附法可以用来测量孔径尺寸和孔的表面积，但是测量的孔径范围较小。SAXS 方法是根据布拉格方程、X-射线波长、衍射角等之间的关系来测量孔结构，主要用于较大孔径的测量，由于 X-射线可以穿过封闭的孔，所以应用 SAXS 测量的孔尺寸要大于采用压汞法测量的孔尺寸，SAXS 法对仪器的精度要求较大，因此很容易出现误差。

　　渗透性能是多孔材料的基本性质之一，它受到了材料中孔隙和通道的大小、数量、分布和连通性等孔结构特性的影响，固体材料孔结构的形态如图 1-9 所示。

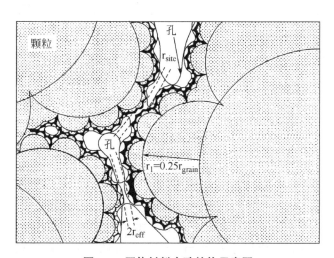

图 1-9 固体材料中孔结构示意图

　　由图 1-9 可以看出，固体材料的孔结构是曲折的，混凝土的渗透率与孔径分布及孔的曲折程度之间存在着直接的关系，混凝土的孔隙结构可以用来预测混凝土的各种耐久性能，包括混凝土的渗透性。各类纤维的加入可以改善混凝土内部的孔结构，将较大的孔径细化，文献［112］提出了聚丙烯纤维的掺入可以提高普通混凝土的孔隙率和渗透率，聚丙烯纤维的体积掺入量分别为 0、0.1％、0.3％和 0.5％，随着聚丙烯体积掺入量的增加，混凝土的渗透率逐渐降低。再生混凝土的渗透性同样与孔隙率、空气扩散率和吸水率密切相关，随着再生粗骨料取代率的增加，孔隙率、渗透率、空气扩散率增加。

1.3.2　抗氯离子侵蚀性能

我国幅员辽阔、自然资源丰富，有各类的氯盐环境，因此，氯离子侵蚀造成的混凝土结构破坏一直是我国发生率最高的耐久性方面的破坏形式。我国学者针对不同的氯盐环境对氯离子侵蚀后混凝土的性能进行了研究。余红发等人在实验室模拟了三种盐湖环境，分别是盐湖卤水、盐湖卤水冻融以及力与盐湖卤水耦合侵蚀，试验对象为普通混凝土、引气混凝土、高强度混凝土，通过分析构件内部的腐蚀产物、微观形貌以及孔结构，得出了普通混凝土、引气混凝土、高强度混凝土在单一冻融因素和盐湖卤水冻融耦合作用下的材料性能损失失效规律。陈浩宇等测定了普通混凝土和高性能混凝土在三种除冰盐条件和三种海洋环境下，经氯盐侵蚀 100d 后混凝土中自由氯离子浓度分布，在除冰盐环境下氯离子的侵蚀能力大于海洋环境。吴庆令等通过现场海洋暴露试验和实验室海水浸泡试验，研究了普通混凝土和高性能混凝土在海洋大气区、潮汐区、水下区和实验室环境的氯离子扩散系数变化规律，发现氯离子扩散系数随暴露时间的增加而降低。我国的混凝土质量控制标准和混凝土结构设计规范中要求的最大氯离子含量为水泥用量的 0.06％～1％，各国标准中都对混凝土中的氯离子含量做了明确的限定，限定值列于表 1-2 中。日本的规范最为严苛，由于氯离子对混凝土结构的破坏能力难以预估，因此各国的规范都对氯离子的含量严格控制。

各国标准对混凝土中氯离子含量的规定值　　表 1-2

国家	标准名称	混凝土中氯离子含量临界值
英国	BS8110-85	RC 构造物:水泥重量的 0.4％
德国	DINI045	RC 或后张式 PC:集料重量的 0.04％
美国	ACI318-89	一般环境的 RC 构造物:水泥重量的 0.3％; 氯盐环境的 RC 构造物:水泥重量的 0.15％
日本	建筑学会	混凝土重量的 0.03％
	土木学会	耐久性要求较高的 RC 构筑物:0.3kg/m³; 一般的 RC 构筑物:0.6kg/m³

氯离子的检测方法较多，各国之间使用的方法也不统一。目前，采用的主要检测方法有电量法、电阻率法和氯离子扩散系数法。图 1-10 为电量法和电阻率法的装置示意图。

电量法［图 1-10（a）］将尺寸为 Φ95mm×50mm 的混凝土试样在饱水后放入标准夹具内，将装置浸泡在 0.3mol/L 的 NaOH 溶液和质量溶度为 5％的 NaCl 溶液中，并施加 60V 的直流电 6h，这种方法在实施过程中电流是非稳态的，一直不断地发生变化，对于使电流波动较大的试样，测试结果会有一定的误差。大量试验表明，该方法适用的混凝土强度为 C30～C50，适用于配合比筛选、混凝土质量波动的监控及验收。电阻率法是以

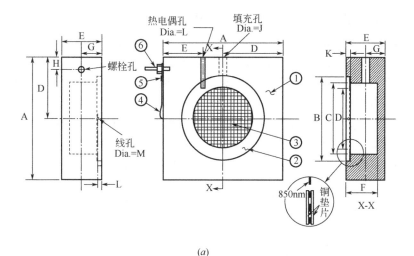

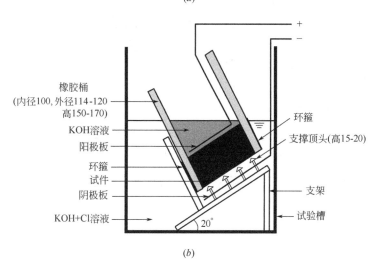

(b)

图 1-10 氯离子检测装置示意图

（*a*）电量法；（*b*）电阻率法

1000Hz 或 50Hz 的交流电测量混凝土试件的电阻率，该试件也应为饱水状态，该方法相对于电量法具有更好的稳定性。

我国采用的是电阻率法中的 RCM 法［图 1-10（*b*）］，该方法同样被瑞士标准 SIA262/1 采用，试件尺寸为 $\Phi100mm\times50mm$ 的圆柱体标准试件，该方法对试件预处理的方法为超声波处理法，而不是饱水处理法。RCM 法具有良好的可重复性、室内重现性和时间效应，因此一般用于实验室内养护的试样。测定氯离子扩散系数方法很多，包括自然浸泡法、电迁移法、饱和盐溶液导电率法等。其中，自然浸泡法是最原始的氯离子扩散系数测定方法，先将试件浸泡在高浓度的盐溶液中，然后通过化学分析的方法测定不同扩散深度处的氯离子含量，这种方法虽然比较繁琐，但是其氯离子输运机理和环境变化更符合实际情况。唐路平等人提出的测定方式是在电迁移法中应用较广、认可度较高的一种氯离子扩散系数测量方法，目前已经成为瑞典 CTH 和北欧的标准方法，其基本原理为利用了水溶液电化学中的 Nernst-Planck 方程。但是该方法并未考虑氯离子在混凝土的扩散项和对流项，对水溶液的电化学方程来说结论是成立的，可是对于多孔材料而言，适用性有限。唐路平电迁移位法适用于混凝土的强度为 C50～C70，可对使用寿命进行简单的预测。不同检测方法应根据所测量的多孔材料的性能合理选择。

氯离子的扩散模型是研究混凝土中氯离子分布的重要手段。学者们对混凝土中氯离子侵蚀模型的研究开展较早，从研究初期的基于 Fick 定律的宏观渗透模型，到考虑孔结构不规则性的微、细观模型（图 1-11），采用不同尺度建立的模型都取得了较丰硕的研究成果。学者们尝试应用理论模型、经验公式等方法建立与真实自然环境相符合的氯离子输运模型，随着研究的深入，模型逐渐从单一因素向多因素耦合方向发展。

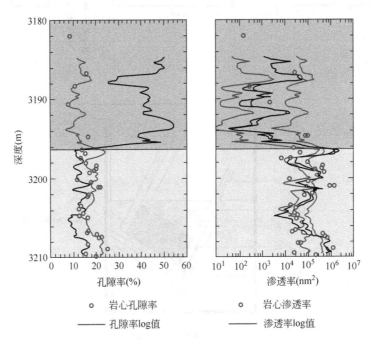

图 1-11　氯离子沿孔隙的侵蚀路径模型

近十年内，国内外学者对于渗透模型的研究多数为围绕拟合经验公式和对已有渗透模型进行修正这两方面开展的。赵铁军等人通过对 420 组各类型的氯离子扩散试验数据进行分析，采用加权的手段对水灰比（x_1）、胶凝材料重量百分比（x_2、x_3、x_4、x_5）、养护天数（x_6）、温度（x_7）等因素的线性组合进行多元回归，建立的含有重要影响因素的氯离子扩散模型为：

$$D_{\text{p}} = \begin{pmatrix} 5.76 + 5.81x_1 - 0.567x_2 - 1.323x_3 + 0.74x_4 - 2.117x_5 - 2.78x_6 \\ + 0.254x_7 - 0.368x_8 + 1.071x_1x_4 - 2.891x_1x_6 - 1.053x_4x_6 \end{pmatrix}^2 \quad (1\text{-}1)$$

Ababneh 等根据骨料与水泥浆比率、水灰比、氯离子浓度、养护时间、温度和相对湿度等因素对氯离子在混凝土中扩散系数的影响，采用有限差分法分析了非饱和状态下氯离子在混凝土内部的输运过程，模型表达形式为：

$$D_{\text{H--Cl}} = \frac{L}{A^* \Delta C_{\text{f}}} \left(\frac{\partial w}{\partial t} \right)^{c_{\text{f}}} = \frac{L}{A^* \Delta C_{\text{f}}} \left[\left(\frac{\partial w}{\partial t} \right)' - \left(\frac{\partial w}{\partial t} \right)^H \right] \quad (1\text{-}2)$$

式中，ΔC_{f} 为浓度差，$(\partial w / \partial t)^{c_{\text{f}}}$ 为氯离子的累积速率，L 为侵蚀深度，A 为氯离子通

过的截面面积。

王立成采用数值软件建立了适用于研究扩散性能的细观格构网络模型，将氯离子结合能力和扩散系数作为对氯离子扩散性能的重要影响因素，采用细观格构网络模型建立一维氯离子非线性扩散方程。

张奕以渗流模型为基础，建立在了在非饱和状态下氯离子在混凝土中输运模型，模型分为干燥过程和湿润过程两段：

对于渗入过程：$\dfrac{\partial(C')}{\partial t} = \mathrm{div}[D_\mathrm{s} \cdot s \cdot \mathrm{grad}(C') + C'D_\mathrm{mw}\,\mathrm{grad}(s)]$

对于干燥过程：$\dfrac{\partial(C')}{\partial t} = \mathrm{div}[D_\mathrm{s} \cdot s \cdot \mathrm{grad}(C') + C'D_\mathrm{md}\,\mathrm{grad}(s)]$

$$(1\text{-}3)$$

式中，D_mw 为水分渗入过程的扩散系数，D_md 为水分渗出过程的扩散系数。

余红发等在 Fick 第二定律的基础上，对氯离子扩散模型进行修正。考虑的修正因素为：氯离子结合能力 R、扩散的时间 t、混凝土的劣化效应系数 K 等因素得到了混凝土氯离子扩散理论模型：

$$c_\mathrm{f} = c_0 + (c_\mathrm{s} - c_0)\left[1 - erf\dfrac{x}{2\sqrt{\dfrac{KD_0Tt_0^\mathrm{m}}{(1+R)(1-m)T_0}e^{q\left(\frac{1}{T_0}-\frac{1}{T}\right)}\,t^{1-m}}}\right] \qquad (1\text{-}4)$$

式中，D_0 为温度为 T_0 时的氯离子扩散系数，q 为与水灰比有关的活化常数，m 为实验常数。

Boddy 等同样基于 Fick 第二定律建立了氯离子扩散模型，考虑的主要影响因素为对流传输作用和氯离子的结合能力两方面，模型的表达形式为：

$$\dfrac{\mathrm{d}c}{\mathrm{d}t} = D \cdot \dfrac{\mathrm{d}^2c}{\mathrm{d}x^2} - \bar{v} \cdot \dfrac{\mathrm{d}c}{\mathrm{d}x} + \dfrac{\rho}{\Phi} \cdot \dfrac{\mathrm{d}c_\mathrm{b}}{\mathrm{d}t}$$

$$\bar{v} = \dfrac{Q}{\Phi A} = -\dfrac{K}{\Phi} \cdot \dfrac{\mathrm{d}h}{\mathrm{d}x}$$

$$(1\text{-}5)$$

式中，c_b 为结合氯离子含量，ρ 为混凝土的密度，Q 为流动速率，h 为净水头压力。

目前，再生混凝土的氯离子渗透性能模型还没有太多的研究成果，再生混凝土的氯离子渗透性能主要通过再生骨料来源、再生粗骨料取代率、水灰比、养护制度等与氯离子渗透系数之间的关系定性地分析。张鸿儒总结了部分再生混凝土氯离子的渗透性能随着再生粗骨料取代率的变化的情况，由于不同的测试方法会带来误差，因此，图 1-12 中采用的为相对氯离子渗透性能，相对氯离子渗透性能为不同研究所测的再生骨料混凝土氯离子渗透性能指标与普通骨料混凝土对应指标的比值。由图 1-12 可以看出，随着再生骨料取代率的增加，再生混凝土的氯离子渗透性能越大，但是增大的程度不尽相同，这主要是由于再生粗骨料的不同品质造成的。

水灰比是反映混凝土密实程度的一个重要指标，水灰比的值在一定程度上反映了混凝土抵抗氯离子侵蚀的能力，主要通过水灰比与氯离子扩散系数之间的关系来反映，再生混凝土的抗氯离子侵蚀性能同样与水灰比具有密切的关系。Zaharieva 等人通过试验研究认为养护制度对再生混凝土抗渗性的影响比较小，而主要的影响因素为水灰比。当水灰比相同时，氯离子侵蚀再生混凝土中的深度要比普通混凝土深；当水灰比不相同且取值较大时，再生混凝土的抗氯离子侵蚀性能与普通混凝土相差不大；若水灰比较低时则

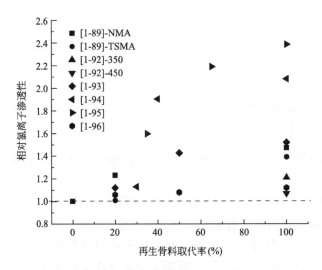

图 1-12　再生混凝土相对氯离子渗透性能与再生骨料取代率的变化

影响较大。Otsuki 等人比较了在相同水灰比下，氯离子的侵蚀深度，研究结果为，再生混凝土的侵蚀深度略大于普通混凝土，且侵蚀深度随着水灰比的增大而增大。顾荣军等通过设计变量为水灰比和再生骨料取代率的氯离子侵蚀试验得到结论：再生混凝中水溶性氯离子含量较普通混凝土高，且随着再生骨料掺入量的增大而增大，随着水灰比的增加而增加。

　　纤维通过改变水泥石基体的孔结构从而影响氯离子的渗透性能。马成畅等研究表明，在相同的预压荷载下，聚丙烯纤维掺入量在 0～1.2％范围内，随着纤维掺入量的增加抗氯离子渗透性能逐渐增强，聚丙烯纤维掺入量在 1.2％～1.5％范围内时，随着纤维掺入量的增加，抗氯离子渗透性能变化不明显，存在最优体积掺入量。周静海等采用盐溶液浸泡法，研究了废弃纤维再生混凝土的抗氯离子侵蚀性能。当再生骨料取代率为 50％时，废弃纤维的增加可以提高再生混凝土的抗渗性能，最优废弃纤维长度为 19mm。废弃纤维体积掺入量相比于废弃纤维长度对抗氯离子侵蚀性能影响大。废弃纤维在混凝土基体中不仅优化了混凝土内部的孔结构而且可以阻止微裂缝的扩展，废弃纤维对再生混凝土的增强机理与普通混凝土是相同的。

1.4　分形理论在混凝土中的应用

　　分形理论是一门研究非规则几何形态的新兴非线性学科，分形理论不仅仅是一门科学，更是一门艺术；同时它既有深刻的理论内涵，又有重大的实用价值。分形理论是处理零碎、复杂、混沌现象的有力工具，因此自从 20 世纪 80 年代起，便得到了广泛的应用。分形理论研究对象为自然界和非线性系统中不光滑、不规则的几何体，其区别于传统欧氏几何的主要特点为非整数维的思想。学者们应用分形理论的主要手段是分形几何，分形理论的发展可分为三阶段：

　　第一阶段：1875～1925 年。此阶段初期，学者们纷纷认识到传统欧氏几何无法描述一些非规则的事物，因此提出了一些典型的区别于欧氏几何的集合，并对他们进行了描述和分析。1872 年 Cantor 提出了一类不连贯的紧集，又被称为"Cantor 三分集"，"Cantor 三分集"在证明三角级数的唯一性上起着重要作用。1890 年，Peano 构造出在不停迭代后可填满平面的曲线图形，该曲线使人们认识到长度和面积不只是欧氏几何的概念。Weierstrass 随后证明了一种连续函数在任意一点均不存在有限或无限导数，但是人们认为 Weierstrass 的函数是极为"病态"的例子。随着人们认识的深入，丰富的学术成果逐渐涌现，包括著名的 Von Koch 曲线、Brown 运动概率模型也都产生于该时期。真正赋予分形理论生命的为 Mandelbrot，他被称为"分形之父"。Mandelbrot 在回顾、总结了前人的研究成果后，提出了分形理论的两个重要作用：一是，描述自然界中不规则、混沌、看起来无意义又不可能被描述的事物；二是，分形理论是一个重要的数学工具。由于二维 Brown 运动概率模型必须引入非常复杂的分形几何，并且在这个新领域中必须重新定义长度和面积的概念，因此 Minkowski 容度、Hausdorff 测度和 Hausdorff 维数等分形维数相继被提出。

第二阶段：1926～1975 年。此阶段学者们已经认识到了分形几何的重要性，主要针对分形集的性质展开研究，并在几何领域中的应用做了初探。Besicovitch 和他的团队对曲线的维数、集合的局部和整体结构、S 集分形特点进行了深入研究，并将研究成果应用于几何测量理论和调和分析中，分别定义了 Bouligand 维数、覆盖维数、容量维数和熵维数。另外，Levy 首次系统地研究了自相似集，并建立了分数 Brown 运动概率模型，他的工作对分形理论的发展具有十分重要的作用。Salem 和 Kahane 对各种类型的 Cantor 集及稀薄集进行了分析、总结，并将研究成果应用于调和分析理论中。

第三阶段：1975 年至今。分形理论在该阶段形成了独立的学科，Mandelbrot 于 1975 年发表了《分形：形状、机遇和维数》的划时代的专著，该专著在继承了前人研究成果的基础上进行了发展、总结，并且首次系统地阐述了分形几何的定义、各种分形集合及分形图形。从此以后，分形理论的应用范围也不再局限于数学学科中，而是在各个学科、领域内得到全面应用、发展，主要包括：社会科学中的分形行为分析、建筑和艺术学科中的分形图形应用、工学学科中分形维数模型应用、管理学科中的分形管理概念、生物科学中的分形图形生成技术的应用。至今，学者们仍在挖掘分形理论的无限潜力，将其作为重要的科研手段助力各个学科的繁荣发展。

分形理论最早被引进到材料、力学、土木工程学科中是为了研究岩体的裂缝和断裂行为，随着研究的深入逐渐渗透到煤炭材料和混凝土材料中，用以描述材料的复杂形态和断裂形貌。学者们认识到分形理论可以为研究材料的力学性能提供新的方法和理念，因此产生了分形断裂力学学科，该学科为数学学科、材料学科和力学学科的交叉学科。根据文献 [140～155]，总结了分形理论在混凝土中的应用及方法，列于表 1-3 中。

分形理论在混凝土中的应用 表 1-3

应用方向	研究内容	主要分形手段
细、微观尺度	孔结构、界面、微裂缝演化	分形图形、分形维数模型
宏观尺度	宏观裂缝演化、耐久性能	分形维数模型、随机分形模型、混沌理论
断裂问题	断裂面描述和重塑、损伤力学	分形维数模型、随机分形模型、图形生成技术

混凝土在材料本身和工作过程中都表现出一系列的分形特征。倪玉山、Carpinteri 等采用分形理论为研究手段，研究了混凝土在细观尺度上损伤断裂过程中裂缝的扩展过程及其对材料损伤的影响情况，该研究使细观裂缝的发展具有了可预测性。分形维数在细观层次上的一个重要研究内容为：微/细观孔的结构和相关的物理性质。Zhang 等采用压汞试验研究了混凝土孔结构，应用分形理论建立了汞的侵入过程与孔结构的关系，并应用分形理论分析压汞试验数据，从分形角度表征了混凝土的孔结构。唐明等应用扫面电镜测量了混凝土断面内的孔隙分形特征，应用压汞试验研究了掺有超细粉煤灰的高性能混凝土、普通混凝土的孔径分布特点，讨论了不同类型混凝土的孔结构分形特征。

在宏观尺度上，夏春研究了细骨料的级配分形特征，对混凝土理论的应用具有重要意义。刘小艳等研究了分形维数与混凝土水灰比、含气量呈正相关，与抗拉强度、峰值应变及模量呈负相关。学者们应用分形理论对结构构件及构件产生的宏观裂缝进行分形特性研究，通过分析分形维数与分级荷载、挠度、裂缝宽度的关系进行混凝土构件性能的研究，由于不同学者采用的分形尺度不同，数据有一定的离散性，分形理论在混凝土结构构件中的研究还处于初级阶段，有待深入。Pape 通过孔介质的渗透率建立了基于分形理论的渗透模型，该模型可以用于不同材料的渗透性能的研究。刘建国讨论了在 4 种多孔介质中溶液的传输情况，溶液在孔介质中的扩散应采用分形扩散方程进行描述属于反常扩散。唐明等采用分形理论分析了混凝土碳化性能，应用分形维数描述碳化深度，为混凝土在耐久性等其他方面的研究提供了新的思路。

谢和平院士是我国在分形理论应用于断裂方面开展最早的学者，他在分形理论在岩石体断裂面中的应用方面取得了较大的成就，并将分形理论的应用延伸到混凝土研究中。根据混凝土损伤演变过程中所展现出的分形性能，提出新的损伤指数，即分形损伤指数。通过推导表观损伤指数与分形损伤指数间的代数模型，建立了基于分形理论的损伤模型。分形理论还可以对断裂面进行重塑，Diamond、郑山锁等对混凝土断裂面的分形特征进行研究，得到了断裂面曲线的多重分形谱，并赋予了多重分形谱基于试验参数的物理含义，使建立的模型更具有使用价值。

1.5 本书主要工作

综上所述，国内外的学者已经针对再生混凝土的基础物理力学性质、耐久性能展开了很多工作，并获得了丰硕且具有价值的成果。但是研究手段和内容更多的是在微观、细观或宏观单一尺度上展开的研究。随着研究的深入，"多尺度"的研究被认为是从本质上揭示结构表现出来的行为和宏观性能的重要手段。混凝土在多尺度上的研究需要解决两个关键问题：(1) 对材料内部复杂的微、细观结构进行定量表达；(2) 采用合理的手段、方法使不同尺度上的表达方式统一。

对于氯离子在混凝土中的侵蚀性能，国内外学者从影响因素、氯离子扩散模型等角度进行了大量的研究，但是研究中仍然存在一些问题：(1) 氯离子在再生混凝土中的侵蚀性能研究成果仍大多数集中在定性分析上，缺少定量分析；(2) 再生骨料和纤维的加入带来了更加复杂的微、细观结构，对纤维再生混凝土的氯离子扩散模型研究较少，尤其对于废弃纤维再生混凝土这种新材料来说，研究成果更为有限；（3）目前氯离子扩散模型多是在宏观尺度上建立的，主要从混凝土表现出来的行为进行分析，而微/细观的复杂结构才是产生各种宏观行为的根本原因。

废弃纤维再生混凝土的提出对建筑产业的可持续发展和生态环境的保护具有非常重要的意义。目前，对废弃纤维再生混凝土物理力学性质方面的研究已经取得了一些成果，但距离推广应用还有一定的差距，耐久性能是不可忽视的重要问题。钢筋锈蚀造成的混凝土结构破坏一直是我国建筑物发生最频繁的破坏形式，钢筋锈蚀的主导因素就是氯离子侵蚀，而氯离子侵蚀的主要途径就是混凝土孔结构，在细观尺度上，混凝土的耐久性能主要由孔结构的细观特征决定。混凝土在自然界的氯盐环境中主要有饱和、非饱和两种状态。基于此，本书主要研究废弃纤维再生混凝土的细观形貌、细观孔结构、在饱和非饱和状态下的氯离子扩散性能，从"多尺度"角度建立基于孔结构分形特征的废弃纤维再生混凝土氯离子扩散模型，主要研究内容如下：

（1）对组成废弃纤维再生混凝土原材料的物理力学性能进行试验，针对再生粗骨料、废弃纤维的物理力学性质提出适用于废弃纤维再生混凝土的配合比方案和制备方法。研究废弃纤维再生混凝土的力学性能，及宏观尺度的强度尺寸效应。

（2）采用扫描电镜（SEM）试验对废弃纤维再生混凝土的水泥石基体的水化产物、孔结构、界面、纤维等的细观形态进行观测。从细观角度分析废弃纤维对再生混凝土的加强情况，采用"多尺度"的研究方法从细观形貌角度分析与宏观力学性能的关系，该部分的研究结论为孔结构和氯离子在废弃纤维再生混凝土扩散性能的分析奠定基础。

（3）从理论角度研究混凝土的孔结构分形特征及建立孔结构分形模型，包括：孔体积分形模型、孔的面分形模型、孔的曲折度分形模型。该研究内容为孔结构的分析和建立"多尺度"的氯离子扩散模型提供了理论依据。

（4）采用压汞（MIP）试验研究废弃纤维再生混凝土的细观孔结构，包括：孔的特征参数、孔径分布。着重分析再生骨料取代率和废弃纤维体积掺入量对孔结构的影响情况。采用孔体积分形模型和孔曲折度分形模型对 MIP 试验数据进行了分析，分形模型采用分形维数对孔结构的整体、空间分布进行评价。从试验数据角度展开废弃纤维再生混凝土孔结构的"多尺度"分析。

（5）开展长期浸泡和干湿交替条件下废弃纤维再生混凝土的氯离子渗透试验，考察再生骨料取代率和废弃纤维体积掺入量对抗氯离子侵蚀性能的影响，并结合 SEM 试验结果进行机理分析。

（6）建立考虑各影响因素的废弃纤维再生混凝土氯离子扩散模型，其中重要设计变量再生骨料取代和废弃纤维体积掺入量采用孔结构分形模型进行描述，建立了"多尺度"的氯离子扩散模型，并采用数值计算进行了验证。

本书采用的主要研究方法、手段包括：

（1）试验研究：材料基础材料力学性能试验、扫描电镜（SEM）试验、压汞（MIP）试验、氯离子侵蚀试验。

（2）理论分析：分形理论，Fick 第二定律，相关氯离子扩散模型。

（3）数值计算：采用数值软件 Matlab 进行数值计算，并模拟相关因素对氯离子含量的影响情况。

本研究内容开展的技术路线如图 1-13 所示。

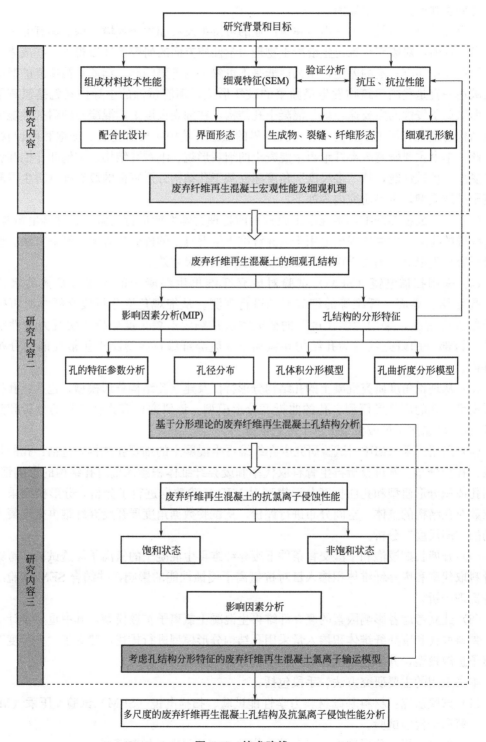

图 1-13　技术路线

2 废弃纤维再生混凝土力学性能

2.1 引言

根据学者们和本课题组对再生混凝土和纤维混凝土的前期研究，再生混凝土和纤维混凝土的各方面性能更加清晰。对于废弃纤维再生混凝土来说，再生粗骨料取代率、废弃纤维的最优体积掺量、合理的配合及制备方法等关键问题为研究的基本问题。本章主要在材料性能的基础上，进行废弃纤维再生混凝土力学性能及强度的尺寸效应研究。主要从以下两个方面展开：

（1）对再生粗骨料、废弃纤维等制备废弃纤维再生混凝土所需的原材料进行基本力学性能试验，提出适用于废弃纤维再生混凝土的配合比方案及制备方法，为后续研究提供基础。

（2）进行不同宏观尺寸的废弃纤维再生混凝土抗压强度和劈裂抗拉强度试验。研究再生骨料取代率、废弃纤维体积掺量对废弃纤维再生混凝土强度的影响情况。采用尺寸效应度分析不同设计变量下的强度尺寸效应。

2.2 试验材料

（1）粗骨料

本试验采用的粗骨料为两种：天然粗骨料和再生粗骨料。试验所用的天然粗骨料为从石场购买的天然碎石，级配为 5~20mm，制备混凝土前，先对碎石进行水洗处理，在自然条件下干燥后待用。再生粗骨料来自于沈阳建筑大学结构工程实验室，将原始强度为C40、龄期为 2 年、无任何外加剂的混凝土板，经过人工破碎、筛分等一系列过程处理后，制备成级配为 5~20mm 的再生粗骨料。为了保证再生粗骨料的级配，制备流程如图 2-1 所示。

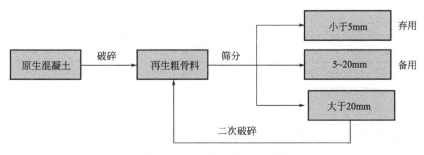

图 2-1 再生粗骨料制备过程

按照《混凝土用再生粗骨料》(GB/T 25177—2010)、《普通混凝土力学性能试验方法标准》(GB/T 50081—2002)中的试验方法,对天然碎石粗骨料和再生粗骨料的物理力学性能进行测定,残余砂浆含量采用文献[158]中的方法进行测定。再生粗骨料主要由表面附着老旧砂浆的骨料构成,由于老旧残余砂浆的存在及人工破碎过程中所造成内部损伤产生的微裂缝,因此再生粗骨料相比于天然粗骨料的表观密度低、孔隙大,吸水率约为天然粗骨料的 3.7 倍,压碎指标约为天然粗骨料的 2.7 倍。天然粗骨料与再生粗骨料的物理力学性能列于表 2-1 中。

粗骨料的物理力学性能　　　　　　　　　　　　　　表 2-1

类型	表观密度 (kg/m³)	级配(mm)	吸水率(%)	压碎指标(%)	残余砂浆含量(%)
天然骨料	2690.0	5~20	1.12	6.4	—
再生骨料	2461.0	5~20	4.18	17	27

再生粗骨料的外观与天然粗骨料存在着明显差异。两种粗骨料的外观形态如图 2-2 所示,相比于天然粗骨料,再生粗骨料表面粗糙、棱角分明、外形更为扁平。

(a)　　　　　　　　　　　　　　(b)

图 2-2　粗骨料外观形貌

(a) 再生粗骨料;(b) 天然骨料

(2) 细骨料

细骨料采用产自沈阳市浑河内的天然河砂,制备废弃纤维再生混凝土试件前经筛分后,平铺晒干备用。细骨料的物理力学性质列于表 2-2 中。其性能符合《建设用砂标准》(GB/T 14684—2011)的相关条款。所测性能指标满足制备再生混凝土的要求。

细骨料物理力学性能　　　　　　　　　　　　　　表 2-2

细分含量(%)	细度模数	含泥(%)	泥块含量(%)	粒径(mm)	表观密度(kg/cm³)
2	2.7	2.1	0.5	<5	2620

(3) 水泥

试验选用辽宁本溪水工源牌的普通硅酸盐水泥 P.O42.5。水泥的矿物成分比率及主要技术指标列于表 2-3、表 2-4 中。

水泥熟料率值、矿物成分 表 2-3

水泥熟料率值			矿物成分（%）			
KH	SM	IM	C_3S	C_2S	C_3A	C_4AF
0.893	2.66	1.7	55.91	20.53	7.12	10.32

水泥主要技术指标 表 2-4

比表面积 (m^3/kg)	稠度 （%）	凝结时间(min)		安定性	抗压强度(MPa)		抗折强度(MPa)	
		初凝	终凝		3d	28d	3d	28d
348	25.0	140	230	合格	25.9	43.6	5.9	9.1

（4）废弃纤维

废弃纤维来自宁波惠多纺织有限公司生产的丙纶地毯，化学成分为聚丙烯。经人工拆分、去除杂质后制备成废弃纤维束，废弃纤维的制备过程如图 2-3 所示。

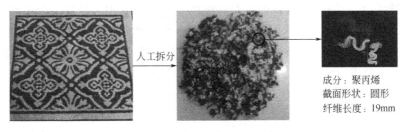

人工拆分

成分：聚丙烯
截面形状：圆形
纤维长度：19mm

图 2-3　废弃纤维制备过程

经过课题组前期对不同废弃纤维长度（12mm、19mm 和 30mm）的研究，主要得到如下结论：

1）相比于废弃纤维体积掺量，废弃纤维长度对废弃纤维再生混凝土构件的力学、耐久性能影响较小；

2）当废弃纤维长度过长时，制备过程中废弃纤维不易搅拌均匀，易抱团，并在混凝土中形成薄弱区域，对结构构件的力学性能产生不利影响；

3）当纤维长度为 19mm 时，废弃纤维再生混凝土的力学、耐久性等相关性能最优。

因此，在本文的研究中，不考虑纤维长度对废弃纤维再生混凝土性能的影响，废弃纤维长度取固定值 19mm。单丝废弃纤维的物理力学性能列于表 2-5 中。

单丝废弃纤维物理力学性能 表 2-5

密度(g/cm^3)	弹性模量(MPa)	极限伸长率(%)	吸水率(%)
0.91	3.79×10^3	1.73	<0.1

（5）水

制备废弃纤维再生混凝土所用的水来自于沈阳建筑大学结构试验室，其为不含腐蚀介质的洁净水。

2.3 废弃纤维再生混凝土配合比

合理的水灰比是保证废弃纤维再生混凝土工作性能的重要设计变量。废弃纤维由于弯曲的外观形态使其在水泥石基体中不易分散均匀，适当提高配合比中的用水量、增加水灰比，可以增加废弃纤维分散的均匀性，但是当水灰比过大时，会影响再生混凝土的强度性能。相反地，适当地降低水灰比，可以解决再生混凝土强度略低于普通混凝土的问题。本试验主要研究再生骨料取代率和废弃纤维体积掺入量对耐久性能的影响情况，因此根据课题组之前的研究成果，本研究中的水灰比取固定值 0.5。

确定有效水灰比的用水量是制备废弃纤维再生混凝土的重要研究内容。由表 2-1 可知，再生粗骨料表面附着大量的硬化老旧水泥浆，且存在初始损伤，因此造成了再生粗骨料吸水率较天然粗骨料高。由表 2-5 可知，废弃纤维吸水率小于 0.1%，加入废弃纤维后对配合比中水的用量影响不大。综上，在制备废弃纤维再生混凝土时只需考虑再生粗骨料吸水率高的问题。

根据文献 [12]、[26]，将制备废弃纤维再生混凝土的用水量分为净用水量和附加用水量两部分，净用水量用于和水泥发生水化反应，而附加用水量主要作用是被再生骨料吸收，减小再生骨料吸水率高对强度的影响。在计算有效水灰比时，不需要考虑附加用水量，采用净用水量进行计算。本研究采用试验室测得的再生粗骨料的绝对吸水率来计算附加水量，当再生粗骨料取代率为 50% 时，附加用水量为 24.16kg/m³；当再生粗骨料取代率为 100% 时，附加用水量为 48.32kg/m³。

通过试配、调整后确定强度等级为 C40 的废弃纤维再生混凝土的配合比方案。对初步计算得到的配合比进行多次的试配后调整得到废弃纤维再生混凝土配合比。设计变量为：再生骨料取代率（0、50%、100%）、废弃纤维体积掺量（0、0.08%、0.12%、0.16%），废弃纤维长度取定值 19mm。

废弃纤维再生混凝土的配合比列于表 2-6。其中，NC 表示天然混凝土；FC 为废弃纤维混凝土；RC 为再生混凝土；FRC 为废弃纤维再生混凝土。编号 FRCa-b 中，a 为再生骨料取代率，b 为废弃纤维体积掺量。

废弃纤维再生混凝土配合比　　　　　　　　　　　　表 2-6

编号	水灰比	再生骨料取代率（%）	废弃纤维体积掺量（%）	水泥（kg/m³）	砂子（kg/m³）	天然骨料（kg/m³）	再生骨料（kg/m³）	水（kg/m³）
NC	0.5	0	0	390	709	1156	0	195
FC-0.08	0.5	0	0.08	390	709	1156	0	195
RC50	0.5	50	0	390	709	578	578	195＋24.16
FRC50-0.08	0.5	50	0.08	390	709	578	578	195＋24.16
FRC50-0.12	0.5	50	0.12	390	709	578	578	195＋24.16
FRC50-0.16	0.5	50	0.16	390	709	578	578	195＋24.16
FRC100-0.08	0.5	100	0.08	390	709	0	1156	195＋48.32

2.4　废弃纤维再生混凝土制备方法

废弃纤维再生混凝土制备方法选择的关键问题是再生粗骨料是否可以充分吸水以及废弃纤维是否可以均匀地分散在水泥石基体中。根据现有制备方法，适用于废弃纤维再生混凝土的有两种：饱和面干法和附加水制备法。当再生骨料取代率为100％时，两种制备方法制备的再生混凝土抗压强度与养护时间关系如图2-4所示。

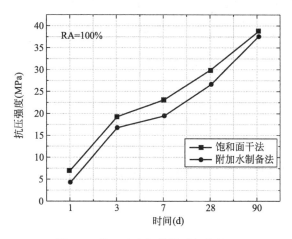

图2-4　抗压强度与养护时间的关系

其中，饱和面干法制备的再生混凝土在不同的养护时间下，抗压强度都高于附加水制备法。饱和面干的制备方法为：首先将再生粗骨料浸泡在水中24h，浸泡完成后在筛网上自然干燥2h，使粗骨料达到饱和面干状态。饱和面干的再生粗骨料在配制再生混凝土时，可以使不同再生骨料取代率下的再生混凝土有效水灰比保持一致，从而消除再生粗骨料高吸水率带来的影响。附加水制备法前期强度略低于饱和面干制备法，但随着养护时间的增长，最后与饱和面干法制备的再生混凝土抗压强度相近。对于制备废弃纤维再生混凝土来说，如若采用饱和面干法制备，虽然可以消除再生骨料高吸水率的问题，但是也存在着明显的缺点：首先饱和面干的状态目前没有一个合理的评判标准，只能通过肉眼凭经验确定；其次，饱和面干法制备时需要长时间浸泡粗骨料，不仅浪费时间而且对试验场地要求较高。综合分析，结合再生混凝土的附加水制备法提出了适用于废弃纤维再生混凝土的制备方法，同时，为了增强废弃纤维的分散程度，延长了步骤1的搅拌时间。两种制备方法的示意图如图2-5所示。

对新拌废弃纤维再生混凝土拌合物进行坍落度试验来评价其工作性能，用振捣棒敲击已经塌落的废弃纤维再生混凝土拌合物，观察其受击后塌落、下沉、四周泌水情况，判定废弃纤维再生混凝土的保水性和黏聚性的优劣情况，结果列于表2-7中。各试件的坍落度均未超过70mm，并且无泌水、离析现象，保水性、黏聚性良好，满足实际施工要求。再生混凝土的保水性和黏聚性较天然骨料有所增强，这是由于再生骨料的表面粗糙、不光滑，这一原因增大了再生混凝土拌合物之间的摩擦力。掺入废弃纤维的混凝土与未掺入废弃纤维的混凝土的坍落度基本保持一致，说明废弃纤维体积掺量对废弃纤维再生混凝土的

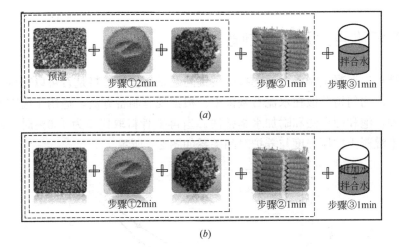

图 2-5 废弃纤维再生混凝土制备方法
（a）饱和面干制备法；（b）附加水制备法

配合比影响不明显。

将拌合物充分搅拌之后，将废弃纤维再生混凝土装入模具中，采用振动台振实，时间不宜过久，防止拌合物出现拌合物产生离析的现象。待试件浇筑48h后，拆模、对各个试件进行编号。将试件放入标准混凝土养护室进行养护，养护温度为 $20\pm2℃$，湿度为95%，养护龄期为28d。

废弃纤维再生混凝土坍落度 表 2-7

编号	水灰比	再生骨料取代率（%）	废弃纤维体积掺量（%）	坍落度（mm）	其他工作性能
NC	0.5	0	0	55	
FC-0.08	0.5	0	0.08	59	
RC50	0.5	50	0	54	黏聚性、保水性良好，无离析、泌水现象
FRC50-0.08	0.5	50	0.08	58	
FRC50-0.12	0.5	50	0.12	67	
FRC50-0.16	0.5	50	0.16	62	
FRC100-0.08	0.5	100	0.08	62	

2.5 废弃纤维再生混凝土力学性能

2.5.1 抗压强度

抗压强度试验采用150mm×150mm×150mm 的立方体试块，每组 3 个。试块的立方体抗压强度按照《普通混凝土力学性能试验方法标准》（GB/T 50081—2002）中的相关规定进行，试验仪器为沈阳建筑大学结构工程试验室的微机控制电液伺服万能试验机。压力试验机竖向加载，试验加载过程以 0.3~0.5MPa/s 的速率连续而均匀地加载。

废弃纤维再生混凝土的受压破坏形态与普通混凝土差别不大。加载开始时，废弃纤维再生混凝土试件表面未出现裂缝，继续加荷，试件逐步开始出现裂缝。首先在靠近试件侧面中间处产生竖向裂缝，逐渐延伸至试件上下两端至边角处，形成对称正倒相连的八字形。随着加载的继续，试件表面混凝土发生膨胀破坏。废弃纤维再生混凝土的 28d 抗压强度如图 2-6 所示，由不同再生骨料取代率对照组 FC-0.08、FRC50-0.08、FRC100-0.08 可知，随着再生骨料取代率的增加，废弃纤维再生混凝土的抗压强度减小，这主要是由于再生骨料的多相性及初始裂纹的存在造成的。

由天然混凝土 NC 与纤维混凝土 FC-0.08 可知，废弃纤维体积掺入量在合理范围内时，废弃纤维的加入对抗压强度影响不大。不同废弃纤维掺入量对照组 RC50、FRC50-0.08、FRC50-0.12、FRC50-0.16 中，随着废弃纤维掺入量的增加，废弃纤维再生混凝土的抗压强度先增加后减小，废弃纤维的最优体积掺量为 0.12%。由此可知，废弃纤维的掺入量并非越多越好，当纤维体积掺量大于一定范围后，纤维容易抱团，在混凝土中形成薄弱区。复合材料理论要求纤维在混凝土中是均匀分散的，这样才能够形成均匀的复合体。若纤维分布不均匀，形成非均匀复合体，非均匀复合体中存在很多不均匀的多相系统，这将导致混凝土的内部出现薄弱区。另外，纤维的加入能够使混凝土内部的应力进行重新分布，不均匀的纤维分散使应力的重分布达不到真正的均衡状态，这样，就十分容易造成新的应力集中，相对缺少纤维的薄弱地带就更容易开裂，造成抗压强度下降。

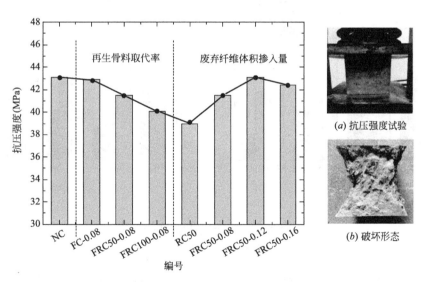

图 2-6　废弃纤维再生混凝土抗压强度

废弃纤维再生混凝土作为一种脆性材料，强度的尺寸效应是其固有的一种特性，其试验强度不仅仅取决于材料本身的性质，还受到结构几何尺寸的影响。目前，工程结构逐渐向着大跨度和超大型方向发展，由于此类结构受限于试验条件，无法进行实际结构的足尺试验，只能参照缩尺试件的试验室结果来指导设计，这使得混凝土强度尺寸效应的研究更具有现实意义。因此，除了制作 150mm×150mm×150mm 的立方体试块外，还对 100mm×100mm×100mm 和 200mm×200mm×200mm 的立方体试块进行了抗压强度试验，试块的配合比与 150mm 的立方体试块相同。

规范《普通混凝土力学性能试验方法标准》（GB/T 50081—2002）在各类型混凝土的算术平均值的基础上，考虑工程实际对混凝土强度合格率的保证，即95%的强度合格率，对混凝土的尺寸效应采用尺寸换算系数进行评价。但我国规范对尺寸效应的考虑过于保守，当采用换算系数进行评价时，存在当混凝土强度较低时，规范建议的强度换算系数较试验结果偏高，而当混凝土强度较高时，规范建议的换算系数较试验结果偏低的问题。

引入尺寸效应度的概念对各试件的尺寸效应程度进行定量分析，定义边长为100mm的立方体试件为基准试件，其他非基准尺寸试件与基准试件抗压强度的差值占基准试件的百分比为尺寸效应度，该方法可以更加直观的分析废弃纤维再生混凝土的抗压强度尺寸效应规律，抗压强度尺寸效应度 α 的计算按式（2-1）和式（2-2）进行计算。

$$\alpha_{150} = \frac{f_{cu,100} - f_{cu,150}}{f_{cu,100}} \times 100\% \tag{2-1}$$

$$\alpha_{200} = \frac{f_{cu,100} - f_{cu,200}}{f_{cu,100}} \times 100\% \tag{2-2}$$

式中，$f_{cu,100}$、$f_{cu,150}$、$f_{cu,200}$ 分别表示为100mm、150mm和200mm立方体试件的抗压强度。尺寸效应度 α 越大，说明立方体抗压强度的尺寸效应越明显。不同尺寸试件的抗压强度值如图2-7所示。

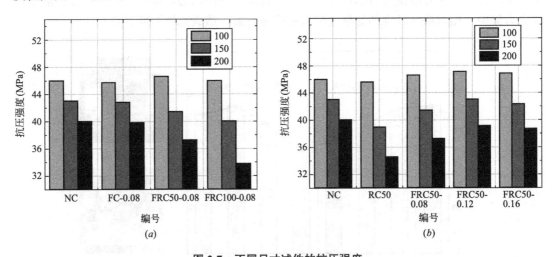

图 2-7　不同尺寸试件的抗压强度
（a）再生骨料取代率；（b）废弃纤维体积掺入量

由图2-7（a）可知，当试件尺寸为100mm，再生骨料取代率从50%增加到100%时，抗压强度值降低了1.3%；当试件尺寸为200mm，再生骨料取代率从0增加到50%，抗压强度降低6.48%，再生骨料取代率从50%增加到100%，抗压强度降低9.47%。三种尺寸试件的抗压强度都呈现随再生骨料取代率的升高而降低的趋势，而且三种尺寸试件抗压强度的降低程度为：200mm＞150mm＞100mm。抗压强度降低程度越大，反映出试件脆性变化也越大，所以三种尺寸试件的脆性变化同样满足上述次序。采用相同的配合比制备成不同尺寸的试件后，抗压强度随再生骨料取代率提高表现出不同的降低程度，这说明再生混凝土存在尺寸效应。

由图2-7（b）可知，当试件尺寸为100mm，废弃纤维体积掺入量从0.08%增加到

0.12%时，抗压强度增加了 1.13%，而当废弃纤维体积掺入量从 0.12%增加到 0.16%，抗压强度降低了 0.57%；当试件尺寸为 200mm，废弃纤维体积掺入量从 0.08%增加到 0.12%时，抗压强度增加了 5.05%，废弃纤维体积掺入量从 0.12%增加到 0.16%时，抗压强度降低了 1.14%。废弃纤维体积掺入量对抗压强度的影响情况小于再生骨料取代率。不同尺寸试件的尺寸效应度如图 2-8 所示。

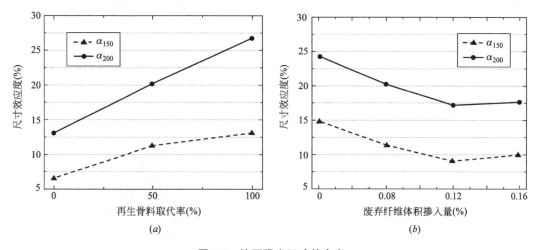

图 2-8 抗压强度尺寸效应度

（a）再生骨料取代率；（b）废弃纤维体积掺入量

图 2-8（a）为不同再生骨料取代率的抗压强度尺寸效应度，α_{150} 和 α_{200} 随再生骨料取代率增加而变大。再生骨料取代率的增加从根本上增加了缺陷数量，在压力作用下容易产生应力集中现象。随着试件尺寸的变大，缺陷变多，抗压强度下降得越大，从而导致再生混凝土呈现出的尺寸效应现象越显著。

图 2-8（b）为废弃纤维再生混凝土尺寸效应度。抗压强度尺寸效应度 α_{150} 和 α_{200} 随废弃纤维掺入量的增加呈现出先下降后上升的趋势，当废弃纤维体积掺入量为 0.12%时，尺寸效应现象最小。这是因为在再生骨料取代率不变的情况下，废弃纤维的掺入改变了混凝土的内力分布，起到了阻裂和延迟开裂的作用；另一方面，在再生混凝土中加入成千上万根废弃纤维能够在水泥胶凝体中组成网状结构，有效的抑制混凝土骨料的下沉，改善水泥浆体的孔结构，减少再生混凝土内部原有缺陷。以上两个方面都有降低缺陷影响的作用，减缓抗压强度损失率，增大再生混凝土的延性，尺寸效应现象变小。而废弃纤维体积掺量并不是越多越好，当体积掺入量过大时，容易造成分布不均匀，出现抱团现象，形成薄弱区。

2.5.2 劈裂抗拉强度

劈裂抗拉强度的试验方法与抗压强度相同，按照《普通混凝土力学性能试验方法标准》（GB/T 50081—2002）的规定进行试验。试件尺寸为 150mm×150mm×150mm 的立方体，同样采用 HYE-2000 型电液式恒加载压力试验机进行试验，与抗压强度试验不同，劈裂抗拉试验在试验机上下板之间加劈裂钢垫条，如图 2-9（a）所示。采用连续且均匀的加载方式，荷载速率控制在 0.02～0.08MPa/s。

普通混凝土的荷载达到极限承载力的 70% 左右，钢垫条上下方受局部压力位置会出现竖向微裂纹，随着荷载的增大，微裂缝继续延伸扩展，最后形成贯通裂缝，试件劈裂破坏时伴随着清脆的响声，破坏面位于上下垫条所在的平面区域。从出现裂缝到试件最后破坏持续的时间内，表现出明显的脆性特征。

再生混凝土的破坏过程与普通混凝土的破坏过程类似，试件最初出现微裂缝是在极限承载力的 60% 左右，初始裂缝相比于普通混凝土明显变宽，从出现裂缝到试件劈裂破坏的持续时间变长，破坏面多发生于再生粗骨料和砂浆的界面处。废弃纤维再生混凝土在加载到极限承载力 70% 左右时，钢垫条处受局部压力部位出现微裂纹，继续加载，裂纹发展缓慢，废弃纤维缓解了再生混凝土破坏的作用显著。另外，废弃纤维有改变裂纹发展路径的作用，所以裂纹并非与普通混凝土及再生混凝土一样上下贯穿，裂纹较为竖直，而是发展曲折。破坏时裂纹不明显，试件仍能够保持整体形态，脆性破坏特征明显削弱。废弃纤维再生混凝土的劈裂抗拉强度破坏形态如图 2-9（b）所示。

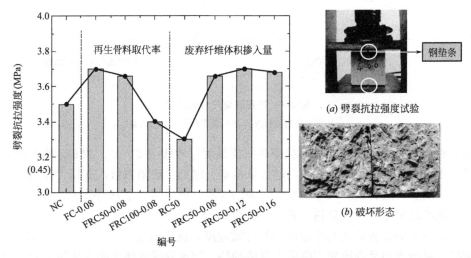

图 2-9　废弃纤维再生混凝土劈裂抗拉强度

由图 2-9 可知，不同再生骨料取代率对照组 FC-0.08、FRC50-0.08、FRC100-0.08 中，随着再生骨料取代率的增加，劈裂抗拉强度减小。再生骨料的掺入对于废弃纤维再生混凝土的劈裂抗拉强度影响是不利的：一是，再生粗骨料表面附着硬化的水泥砂浆；二是，再生粗骨料在制备、生产过程中，不可避免地产生了裂缝，造成一部分损伤，这些影响因素使再生粗骨料性能不如天然粗骨料。因此，随着再生骨料取代率的增加，劈裂抗拉强度降低。

由不同废弃纤维体积掺入量组 RC50、FRC50-0.08、FRC50-0.12、FRC50-0.16 可知，当再生骨料掺入量为 50%、废弃纤维掺入量为 0.12% 时，废弃纤维再生混凝土的劈裂抗拉强度增大最多，其劈裂抗拉强度比未掺入废弃纤维的再生混凝土 RC50 增长了 10.8%。再生混凝土内部存在着大量的微缺陷，废弃纤维可以有效地减少裂缝的长度、裂缝的宽度和裂缝的数量，这样就降低了产生缝隙和相互贯通的孔洞的可能性。当废弃纤维再生混凝土受到外界荷载，微裂缝可能在任意方向上产生和发展，当纤维的平均中心间距小于混凝土试件中的裂缝长度，这条纤维就会横贯在裂缝中间，阻碍微裂缝的发展。因此，掺入废弃纤维能够有效地提高再生混凝土的劈裂抗拉强度。

与抗压强度相同，对 100mm×100mm×100mm 和 200mm×200mm×200mm 的立方体试块进行了劈裂抗拉强度试验，试块的配合比与 150mm 的立方体试块相同。不同尺寸试件的劈裂抗拉强度如图 2-10 所示。

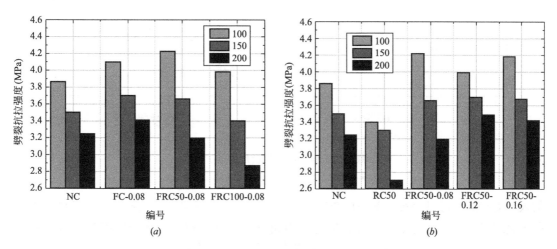

图 2-10 不同尺寸试件的劈裂抗拉强度
(a) 再生骨料取代率；(b) 废弃纤维体积掺入量

由图 2-10（a）可知，当试件尺寸为 100mm，再生骨料取代率由 50％增加到 100％时，立方体劈裂抗拉强度值降低了 5.78％；当试件尺寸为 200mm，再生骨料取代率由 0 增加到 50％，劈裂抗拉强度值降低了 6.34％，再生骨料取代率由 50％增加到 100％时，劈裂抗拉强度降低了 10.18％。与立方体抗压强度结论相似，三种尺寸试件的劈裂抗拉强度都呈现随再生骨料取代率的升高呈降低的趋势，而且三种尺寸试件劈裂抗拉强度的降低程度从大到小依次为：200mm，150mm，100mm。三种尺寸试件的脆性变化同样满足上述次序。

由图 2-10（b）可知，当试件尺寸为 100mm，废弃纤维体积掺入量由 0.12％增加到 0.16％时，劈裂抗拉强度值增加了 4.8％；当试件尺寸为 200mm，废弃纤维体积掺入量由 0.12％增加到 0.16％时，劈裂抗拉强度降低了 1.97％。当试件尺寸较小、废弃纤维在混凝土分布均匀时，纤维的阻裂机理更加明显。尺寸为 150mm 和 200mm 的立方体试件劈裂抗拉强度都呈现随废弃纤维掺入量的增加表现出先增大后减小的趋势。

由图 2-11（a）可知，各类型试件的劈裂抗拉强度尺寸效应度 α_{150} 和 α_{200} 随再生骨料取代率增加而变大。究其原因，再生骨料内部存在大量的微裂缝和缺陷，水泥砂浆与再生骨料界面间的粘结力差，该缺陷会随再生骨料取代率的增加和试件尺寸变大而更明显。进行劈裂抗拉试验时，在上下钢垫条作用下，拉应力区主要在钢条作用线所在平面内，应力区内部缺陷处极易发生开裂，随着试件尺寸的变大，缺陷变多，劈裂抗拉强度减小程度越大。再生骨料取代率的增加从根本上增加了再生混凝土中缺陷的数量，从而导致再生混凝土呈现出的尺寸效应现象越显著。

由图 2-11（b）可知，各强度等级下废弃纤维再生混凝土劈裂抗拉试件的尺寸效应度 α_{150} 和 α_{200} 随废弃纤维掺入量的增加呈现出先下降后上升的趋势。这是由于再生混凝土中

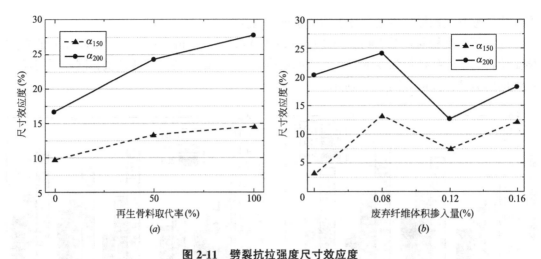

图 2-11　劈裂抗拉强度尺寸效应度

（*a*）再生骨料取代率；（*b*）废弃纤维体积掺入量

加入了废弃纤维可以缓解内部结构产生的应力集中，横亘于裂缝的无数条废弃纤维可以抑制裂缝继续发展，分担结构内部拉应力，当裂纹两端承受拉力与废弃纤维伸展方向平行时，这部分力就可以通过砂浆基体传递给纤维，发挥桥接作用，弥补缺陷造成的影响，减缓劈裂抗拉强度损失率，尺寸效应现象变小。但是当废弃纤维体积掺入量过大时，纤维在制备过程中，不易分散从而出现抱团现象，在混凝土内部形成薄弱区，反而提高劈裂抗拉强度的下降速度，尺寸效应现象变明显。

2.6　本章小结

本章针对再生粗骨料和废弃纤维的材料基本性能，提出了适用于废弃纤维再生混凝土的配合比及制备方法。进行了废弃纤维再生混凝土力学性能试验，研究了再生粗骨料取代率、废弃纤维体积掺入量对抗压强度和劈裂抗拉强度的影响规律。主要得到以下结论：

（1）通过对再生粗骨料和废弃纤维进行基本材料性能试验可知，由于老旧砂浆的存在，再生粗骨料较天然骨料的吸水率大，压碎指标高；废弃纤维的吸水率＜0.1％，形态弯曲，不易分散。基于此，提出了采用附加用水量的方法计算废弃纤维再生混凝土的配合比，制备过程中适当延长干料（粗、细骨料和纤维）的拌合时间，达到使废弃纤维均匀分散的目的。

（2）随着再生骨料取代率的增大，废弃纤维再生混凝土的抗压强度减小，废弃纤维体积掺入量对抗压强度影响程度低于再生骨料取代率，最优体积掺量为 0.12％。废弃纤维再生混凝土的抗压强度存在尺寸效应，随着试件尺寸的增加，尺寸效应增大。当再生骨料取代率为 50％，废弃纤维体积掺入量为 0.12％时，试件的抗压强度尺寸效应最小。

（3）随着再生骨料取代率的增加，劈裂抗拉强度减小，劈裂抗拉强度尺寸效应变得明显。加入废弃纤维后，劈裂抗拉强度有较大的增长且试件劈裂断面裂纹发展曲折，说明废弃纤维具有较好的桥接作用。随着废弃纤维体积掺量增加，劈裂抗拉尺寸效应表现出先减小后增大的趋势，当废弃纤维体积掺入量为 0.12％时尺寸效应最小。

3 废弃纤维再生混凝土细观结构

3.1 引言

在混凝土、水泥基体等多相复合材料的研究中,学者们多从调整配合比设计、改变骨料取代率、添加外加剂等方法从宏观尺度角度来提升多相复合材料的力学和耐久性能,并以宏观性能评价指标评价其性质的优劣。随着科技的发展,不同科学领域的研究都更专注于深入到研究物质的本质。实质上,无论对于均质材料还是非均质材料,它们在宏观尺度上表现出来的性质和性能,都是由其内部的细、微观结构决定。

再生混凝土的研究已有数十年的历史,目前,各国学者纷纷着手从细、微观尺度出发来研究其强度、变形性能及耐久性等各项性能。在不同尺度上(图 3-1)展开研究并建立之间的联系,通过观测细、微观结构的形貌并总结规律,不仅可以从本质上揭示再生混凝土展现出来的性质,还可以使再生混凝土技术的发展摆脱经验性的束缚。现阶段对细、微观结构性能的测试主要方法有:扫描电镜(SEM)、电子探针(EPMA)、能量色散谱仪分析技术(EDXA)等。结合图像分析处理技术,可以测定水泥基体、界面过渡区的水化产物、水化程度、颗粒形貌、晶粒尺寸、晶粒排列以及基体的孔隙率变化等细、微观结构参数,以此来分析对混凝土宏观性能产生影响的主要细、微观结构,并提出改善方式及研究方向。

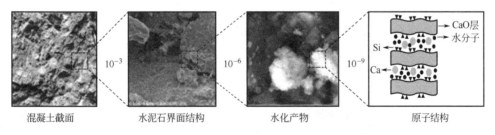

图 3-1　不同尺度下的混凝土结构

根据第 2 章的研究成果,再生混凝土的强度性能略低于普通混凝土,加入废弃纤维后会有所改善,但是在不同的设计变量情况下,改善的情况不尽相同。而在细观结构中的界面过渡区、微裂纹、浆体孔隙是影响再生混凝土力学性能和渗透性能的三大关键因素,因此,本章将主要针对这三个方面对废弃纤维再生混凝土的细观结构展开探究。本章的主要研究内容如下:

(1)研究废弃纤维再生混凝土中水泥的水化过程、水化生成产物及其细观形貌,为废弃纤维再生混凝土各相的细观结构、形貌的分析提供基础。

(2)界面过渡区、微裂纹和孔结构是影响再生混凝土性质的重要因素。针对各相界面及孔结构，对废弃纤维再生混凝土进行扫描电镜（SEM）试验，探究废弃纤维再生混凝土的多相界面结构、不同界面相的细观形貌以及不同结构的主要物质成分。

（3）从细观角度研究了废弃纤维的加入对再生混凝土细观结构的影响情况，并从细观形貌特征入手深入的解析了第 2 章结论中废弃纤维再生混凝土在宏观尺度上所展现出来的强度性能。

3.2 废弃纤维再生骨料混凝土界面结构及形成机理

3.2.1 废弃纤维再生混凝土水化产物及物理特征

废弃纤维再生混凝土中的主要水化物为硅酸盐水泥熟料。水泥熟料是由多组分固溶体组成的一种不平衡材料，遇水后发生一系列的物理、化学变化，产生不同性状的水化产物，这些水化产物（胶凝材料）将各集料胶结成整体，形成新型复合材料——废弃纤维再生混凝土。硅酸盐水泥主要化学成分和生成水化物的化学成分、化学式及缩写列于表 3-1 中。

硅酸盐水泥主要化学成分及水化产物　　　　　　　　　　表 3-1

类型	名称	化学式	缩写
主要成分	氧化钙	CaO	C
	二氧化硅	SiO_2	S
	氧化铝	Al_2O_3	A
	氧化铁	Fe_2O_3	F
	硅酸三钙	$3CaO \cdot SiO_2$	C_3S
	硅酸二钙	$2CaO \cdot SiO_2$	C_2S
	铝酸三钙	$3CaO \cdot Al_2O_3$	C_3A
	铁铝酸四钙	$4CaO \cdot Al_2O_3 \cdot Fe_2O_3$	C_4AF
	水	H_2O	H
主要水化产物	氢氧化钙	$Ca(OH)_2$	CH
	水化硅酸钙凝胶	$CaO \cdot SiO_2 \cdot H_2O$	C-S-H
	钙矾石	$3CaO \cdot Al_2O_3 \cdot 3CaSO_4 \cdot 32H_2O$	AFt
	单硫型硫铝酸钙	$3CaO \cdot Al_2O_3 \cdot CaSO_4 \cdot 12H_2O$	AFm

水泥的整个水化周期持续时间较长，在整个水化过程中一直都伴随着水泥颗粒的反应及新水化产物的生成。这些水化产物相互依存且相互制约地生长和发育，加速或制约着水泥水化的进程，并且在一定条件下生成晶体和不定形态的凝胶体。水泥浆体前期具有较好的可塑性，随着水化反应的不断进行，水泥浆体逐渐失去流动性，转变为具有一定强度的固体，最终使水泥浆体形成具有一定结构支撑能力的硬化体系。水泥的水化过程主要分为三个阶段（图 3-2）：

（1）水化数分钟后，钙矾石（AFt）形成。水泥中的熟料矿物遇到水后溶解，在水泥

中的 C_3A 表层率先发生少量的反应，形成早期的 AFt，出现第一次的放热高峰，属于水化诱发期。

（2）水化数小时后，溶液中的 Ca^+ 浓度升高，C_3S 开始迅速水化，硅酸钙的水化产物的化学成分不稳定、形态不固定，根据 C：S 和 H：S 的含量值发生变化，通常称为"C-S-H 凝胶"。此阶段的主要生成物为 C-S-H 和 CH，并放出大量的热，放热速率迅速提高，约 1/3 的 C_3S 反应在这一阶段完成，属于快速水化期。C-S-H 凝胶为硬化水泥的主要凝结材料。

（3）水化若干天后，没有完全反应的 C_3S 继续缓慢地水化，时间持续 1～2 年，甚至数十年。在这个过程中部分 AFt 相转化为 AFm 相，出现一个放热小高峰。随着各种水化产物的相互结合、交织，逐渐生成硬化的水泥石基体，随着龄期的增长水化程度逐渐加深，整个水化阶段的放热率不断降低最后趋于稳定。

由图 3-2 的水化过程及生成物的细观结构可以看出，水泥的水化产物主要包含凝胶体和晶体两种结构，它们的组成比例主要影响着水泥石基体的各类性能。在不同的水化阶段，凝胶体和晶体的相对含量不同：在水化的早期，水泥熟料的水化程度较低，生成物种类有限，主要为结晶程度较低、含量较少的 AFt 和 CH 晶体，大部分水泥颗粒被凝胶体包裹着；随着水化程度的加深，结晶程度变高，逐渐可以观测到凝聚成簇的棒针状 AFt 晶体、六角板或层板状的 CH 晶体以及各种不定形态的大块凝胶。因此，水泥的主要水化产物为以下三种：

（1）水化硅酸钙凝胶（C-H-S）

水泥水化产物中，水化硅酸钙的结晶度比较差，无固定形态，比表面积较大，晶粒的尺寸由 $0.1\mu m$ 到 $1\mu m$，由于它既是微晶质可以相互交织和连生，又在胶体的

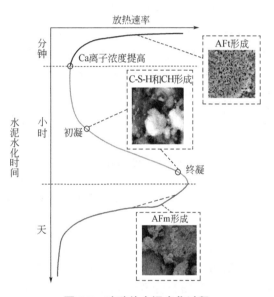

图 3-2 硅酸盐水泥水化过程

尺寸范围内具有凝胶的特点，所以把水化硅酸钙称为凝胶体，简称 C-S-H 凝胶。C-S-H 凝胶是水泥水化的主要水化产物，由 C_3S 和 C_2S 矿物相反应生成，在水泥刚开始水化的几个小时内，以无定性为主，水化产物形貌不易分辨，在标准条件养护三天以上时，可以形成可观测无定形物质 C-S-H，被认为是水泥凝胶产生的主要来源。但是随着龄期的增长，在水化程度较完全的水泥石基体中，由于细观结构变得致密，而不易分辨出 C-H-S 凝胶的形态。

（2）氢氧化钙（CH）

CH 在水泥浆体中很容易辨认，呈六角薄板层状，它的直径可达到十到几十微米，比 C-S-H 凝胶尺寸大两至三个数量级。CH 晶体主要沿着界面生长，但是在 Ca^{2+} 浓度较低时也可以沿着其他面上生长，由于界面结合键能较弱，常常会有滑动或开裂。当 CH 结晶不完好时，也可以看出其层状沉积。在成熟的水泥浆中，往往呈层状沉积，有明显的平行

面，贯穿在 C-S-H 凝胶中。CH 相比于 C-S-H 凝胶分布更广、比表面积小，给物质的物理吸附力作用提供了更多的空间。CH 晶体与 C-S-H 凝胶主要承担混凝土中后期的硬度。

（3）钙矾石（AFt）与单硫型硫铝酸钙（AFm）

AFt 的细观形貌为细棱柱状，厚度 $0.5\sim1\mu m$，截面为六边形，长约 $3\sim4\mu m$。当生成的空间较大，结晶速度较慢、晶核较少时，可生成明显的六棱柱状体；当晶体生长的环境较复杂，结晶速度较快时，AFt 晶体往往为边棱不明显的等径细长棒针状，如图 3-2 所示。AFt 晶体在混凝土中的主要作用是承担早期硬度。

AFm 的形貌与 CH 晶体类似，也具有层状机构。在 20℃ 以下，由 C_3A 水化生成的水化物呈六角板状，大小达十几微米，厚度可达到 $2\mu m$，较容易和 CH 晶体相混。从形貌和体积上比较，单硫型水化硫铝酸钙的比表面积和 CH 晶体相近，同样无法和 C-S-H 相比。AFm 主要承担混凝土的后期强度。

3.2.2　再生混凝土的界面结构

混凝土是由水泥水化产物将粗骨料、细骨料凝结在一起的复合多相多孔材料。Farran 观察到：接近骨料表面的水泥粉末比水泥砂浆体内的少，提出了在骨料颗粒周围存在一个"过渡光环"的概念，这个"界面过渡区（Interfacial transition zone，即 ITZ）"具有比远处砂浆基体内的孔隙大的特点。ITZ 是由于骨料颗粒周围水泥水化形成的孔隙以及壁效应造成的。与此同时，Ollivier 等研究发现，当砂浆试件 ITZ 厚度约为 $20\mu m$ 时，ITZ 上的孔隙率为48%，远远高于水泥石基体中的孔隙含量。ITZ 的特殊位置决定了其结构的独特性，是水泥基材料最薄弱的环节，对混凝土的性能有重要影响，其厚度通常在 $30\sim50\mu m$ 范围。

再生骨料混凝土 ITZ 与普通混凝土同样具有高孔隙率，除了该特点外，它的 ITZ 也有着独特的结构。再生混凝土的界面结构与再生粗骨料的生产过程息息相关，主要体现在再生骨料的剥离程度上。对于完全剥离的再生粗骨料，表面的旧水泥石在再生粗骨料的制备过程中已经完全脱落，性质几乎等同于天然骨料，用它制备的再生骨料混凝土只包含完全剥离的再生骨料与新水泥的界面，其界面结构与天然骨料混凝土的结构相似，如图 3-3 所示。图 3-3（a）为普通混凝土界面示意图，主要由天然骨料相、新水泥砂浆相、天然骨料与新水泥砂浆界面三相结构组成，完全剥落再生粗骨料所包含的相与其相同。图 3-3（b）为文献［166］中的天然骨料偏光显微图，与图 3-3（a）分析结果相同。

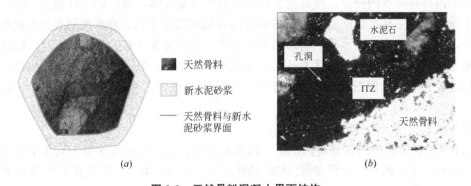

（a）　　　　　　　　　　　　　　　（b）

图 3-3　天然骨料混凝土界面结构

（a）天然骨料界面示意图；（b）天然骨料偏光显微照片

再生粗骨料中，大部分为表面包裹着旧砂浆的再生粗骨料。这类再生粗骨料在制备再生混凝土过程中，再生骨料混凝土形成一个由原天然骨料与老旧砂浆界面和新旧水泥砂浆界面的双层界面，其界面结构示意图如图3-4（a）所示。从图中可以看出再生混凝土为五相结构，再生混凝土包含着原天然骨料相、旧水泥砂浆相、新水泥砂浆相、原天然骨料与旧水泥石的界面相，原天然骨料与新水泥石的界面相，及再生骨料表面的旧水泥石与新水泥石界面相。因此如果将天然骨料混凝土视作由骨料、水泥石和其界面组成的三项非均质复合材料，则再生骨料混凝土可以视作由再生骨料、旧水泥石、新水泥石及其多个界面组成的多相非均质复合材料，因此再生骨料混凝土的界面结构比天然骨料混凝土复杂得多。图3-4（b）为文献［166］中再生骨料混凝土偏光显微图，从图中可以清晰地观测到未完全剥落的再生骨料表面还包裹着老旧砂浆，在此处存在着原天然骨料与旧水泥砂浆和新老水泥石界面的双重界面，在该双界面过渡区内可以看到一些小孔洞，这些小孔洞相互连通形成一个薄弱区，因此，复杂的界面结构也是造成再生骨料混凝土的力学性质不如天然骨料混凝土的主要原因。

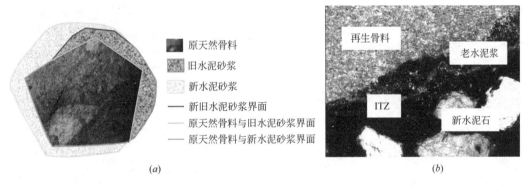

图 3-4 再生骨料混凝土界面结构
（a）再生骨料界面示意图；（b）再生骨料偏光显微照片

3.2.3 ITZ 的形成机理

ITZ 使性质完全不同的粗骨料、细骨料、水泥浆体、废弃纤维等材料组成一个新的整体。废弃纤维再生混凝土中的 ITZ 影响着其强度、刚度和耐久性能。混凝土 ITZ 的形成机理为：混凝土在搅拌之后，骨料表面的自由水形成水膜层并且该水膜层易于富集 Ca^{2+} 离子，混凝土在硬化过程中，水膜层析出的水泥水化产物主要为 CH 晶体，CH 晶体与 C-S-H 凝胶相比更粗大、比表面积更小、强度更低；另外，骨料表面形成的水膜水灰比较高，而水泥基体中的水灰比相对较低，这样就形成了一个水灰比梯度，由于泌水原因，形成 ITZ。ITZ 的存在使混凝土呈现出非弹性行为，废弃纤维再生混凝土是一种典型的多相复合材料，各种原材料的弹性模量相差较大，ITZ 是其中的薄弱环节，决定了废弃纤维再生混凝土的弹性模量。界面连接强度越大，则废弃纤维再生混凝土的弹性模量高，反之亦然。通过 SEM 电镜图（图 3-5），可以看出不同相的 ITZ 都呈现出相似的结构特点：

（1）骨料表面由近及远，分布着不同种类的水化产物：在 ITZ 上富集了定向排列的粗大的 CH 结晶，中间层是 CH 晶体及粗大的 AFt 结晶以及少量的 C-S-H 凝胶，随后向水泥基体结构过渡。ITZ 中间层的 CH 和 AFt 晶体颗粒较大，CH 晶体逐渐形成定向排列的板层状并附着在骨料表面，垂直于骨料表面而取向向外生长。

（2）对 ITZ 强度影响较大的水化产物为 CH 晶体。其主要原因为：一方面 CH 层状重叠排列的结构因其比表面积减少，范德华分子结合力也较小，界面粘结力减小；另一方面，因 CH 晶体的定向排列使其较容易开裂。

（3）混凝土未受载荷前，在骨料与水泥石界面就可以观测到微裂纹，裂纹最先在 ITZ 处出现并且极易向水泥石基体内延伸和扩展。这些裂纹是离子迁移和溶液渗透的最通道，因此相比于粗骨料本身和水泥石基体来说，这些界面和 ITZ 被认为是再生混凝土最薄弱的环节。

（4）ITZ 内有足够的供水化产物生长和发育的空间，此处的水化产物结晶程度高、晶体颗粒完整、尺寸较大，故 ITZ 内的孔隙率比水泥基体大。随着龄期的增加，水化程度逐渐加深，生成物中较细小的 AFt 和 CH 晶体及 C-S-H 凝胶填充了部分孔隙，这使得 ITZ 的密实程度变高。

图 3-5　混凝土界面 SEM 结构图

3.3　试验方法及试验仪器

扫描电镜（SEM）的工作原理为利用细聚焦电子束在样品表面扫描时激发出来的各种物理信号来调制成像。目前，扫描电镜不只用来分析细观形貌，还可以和其他分析仪器相结合，进行形貌、微区成分和晶体结构等多种微观组织结构信息的同位分析。本文中主要采用 SEM 试验观测废弃纤维再生混凝土中的水化产物种类、界面、微裂缝、孔结构以及废弃纤维在水泥石基体中的细观形貌，探究各项结构是如何对废弃纤维再生混凝土的宏观性能进行影响的。主要从细观形貌角度，采用"多尺度"的研究方法，对废弃纤维再生混凝土的宏观性能进行分析。

废弃纤维再生混凝土的水化产物由于其各自形貌特征的不同，可以通过 SEM 试验直接观测。但是由于再生粗骨料表面老旧砂浆中未水化的水泥熟料，在遇水后发生二次水化反应，因此，界面结构及新旧水泥石的水化物基本相同，细观形貌较难分辨。为确保 SEM 试验分析的准确性，制作 SEM 试验的试件所采用的再生骨料来自沈阳建筑大学结构工程试验室龄期为 1 年、粉煤灰掺和料取代率 10%（等量取代水泥质量分数）、抗压强度为 C40 的废弃混凝土立方体试块，其他材料与第 2 章相同。粉煤灰的细观形貌呈圆球状，特征突出，非常容易分辨，如图 3-6 所示。细观形貌中观测到粉煤灰的部分则为旧水泥石。

图 3-6　粉煤灰细观形貌

SEM 试验在沈阳建筑大学测试检测中心进行，扫描电镜（SEM）采用由日本日立公司生产的，型号为 S-4800 的电子扫描显微镜［图 3-7（a）］，理论极限分辨率为 0.1nm。试样制作方法为：用尖铁锤将试件破碎成 3～5mm 的颗粒，尽量选取具有扁平面的部分，将试件固定在托盘上，经过喷金处理后进行试验，如图 3-7（b）所示。为了更全面观测废弃纤维再生混凝土的细、微观形貌，应尽量选取含有多相结构的试件，所有试件均取自于立方体试件的中心位置。

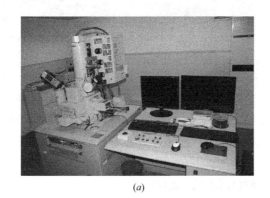

（a）　　　　　　　　　　　　　　　　　（b）

图 3-7　电子扫描显微镜及试样制作

（a）电子扫描显微镜；（b）试样制作

3.4　废弃纤维再生混凝土细观形貌分析

3.4.1　骨料与水泥石界面细观形貌对比

再生骨料表面附着的水化产物随着长时间的水化作用，逐渐转化为 AFm，更加密实地附着在骨料表面。与此同时，硬化的水泥浆体是非均质的多相体系，主要含有固相的水化物和未水化的残存的水泥熟料，以及水或空气充填在各类孔隙中。未水化的残存熟料在遇水之后，会发生二次水化反应，产生的水化物附着在再生骨料表面，同样使再生骨料表面的细观形貌比天然骨料粗糙。因此，分辨再生骨料中原天然骨料的细观形貌的主要方式就是观测表面是否附着老旧砂浆，再者就是观测骨料表面的粗糙程度。

再生骨料与水泥石的界面过渡区主要有：新旧水泥石界面、原天然骨料与旧水泥石界面、原天然骨料与新水泥石界面，图 3-8 为再生骨料与水泥石界面的细观形貌图。

图 3-8　再生骨料与水泥石界面细观形貌
（a）新旧水泥石界面；（b）原天然骨料与旧水泥石界面；（c）原天然骨料与新水泥石界面

新旧水泥石界面如图 3-8（a）所示，水泥石基体内除了少量可以分辨出来的 C-S-H 凝胶体生成物外，基本上只能观察到无定形的凝胶状物质。新、旧水泥石界面处的水化物的生长方向都指向 ITZ 内部，在一定深度的 ITZ 内部基本被凝胶物质填满。老旧水泥石界面处也有一定的新生水化物，说明老旧水泥石存在未反应或者未完全反映的水泥熟料，这些水泥颗粒会在重新制备的过程中发生二次水化反应。

图 3-8（b）为原天然骨料与旧水泥石界面 SEM 图，在旧水泥石表面及 ITZ 处存在着无定形态的凝胶状物质，且呈不均匀分布，这些凝胶物质由原水泥石中未水化的水泥颗粒水化形成。

原天然骨料与新水泥石界面 ［图 3-8（c）］ 在不同分倍率下的 SEM 图可以看到，不同尺度的孔隙和孔洞，这些孔隙是外界介质流通的主要通道，是影响再生混凝土耐久性能的主要因素。ITZ 处存在一些针片状的 CH 晶体富集并定向排列现象，因此，相对于水泥石基体而言，该处结构相对疏松，并且再生骨料与新水泥石基体之间的界面结构处存在微裂纹，并且裂纹往往沿着骨料边缘向水泥石基体处发展。

天然骨料与水泥石的 ITZ 是由天然骨料和新水泥石形成的，图 3-9 为不同观测尺度下天然骨料与水泥石界面的细观形貌。

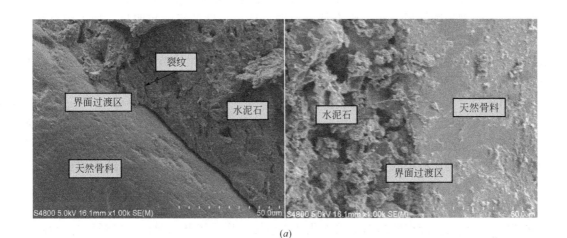

图 3-9　天然骨料与水泥石界面细观形貌

（a）1000 倍 SEM 图；（b）3000 倍 SEM 图

由图 3-9 可知，在整体形貌上天然骨料与水泥石界面的细观形貌与再生骨料与水泥石界面呈现出相似的特征，均在骨料与水泥石基体之间存在明显的界面结构。但是，也存在着明显的差别，天然骨料与水泥石的粘结程度比再生骨料与水泥粘结情况好，界面处更加密实、界面宽度较小。图 3-9（a）为在 1000 倍放大倍数下的 SEM 图，ITZ 处的粘结较紧密，ITZ 也存在微裂纹的特点与再生骨料与水泥石界面相同，但是微裂缝的发展止于水泥石基体处，并没有沿着 ITZ 继续扩展。

从放大倍数为 3000 倍的 SEM 图［图 3-9（b）］可以看出，水泥石基体的细观形貌在整体上非常密实，观测区域的薄弱区仍在 ITZ 处，在界面处仍含有较多的针片状的 CH 晶体富集且定向排列呈现板片状，在 ITZ 处的粘结程度较差，仅由大量不定形态的 C-S-H 凝胶体填充密实。

3.4.2 废弃纤维对再生混凝土细观形貌的影响

由第 2 章废弃纤维再生混凝土的力学性能研究结果可知，随着废弃纤维体积掺入量的增加，抗压强度先增加后减小。废弃纤维对劈裂抗拉强度的影响较明显，加入废弃纤维后，试件劈裂断面的形态更加复杂。除此以外，根据文献［82～84］在构件尺寸上的研究成果，废弃纤维的加入可以有效地提高梁构件的抗弯性能、梁柱节点构件的耗能性能，并且可以有效地改善构件在受力破坏后构件表面混凝土大面积剥落和破坏的现象。宏观尺度上表现出来的行为和现象与细观形貌密切相关。

废弃纤维的加入在再生混凝土中形成了新的界面：废弃纤维与水泥石界面。为了揭示废弃纤维对宏观性能的影响机理，观测了细观尺度上废弃纤维在再生混凝土基体中的形貌，选择废弃纤维体积掺入量最高的 0.16％对照组进行观测分析。废弃纤维细观形貌的 SEM 结果如图 3-10 所示。

由图 3-10（a）可以看出，废弃纤维镶嵌在混凝土的水泥石基体中，阻止了裂缝的发展并细化了孔结构。废弃纤维周围被水化产物包围，形成了新的界面，以纤维为中心点，纤维周围的裂缝呈放射状分布，这主要是由于制作电镜试样时，混凝土受到外力破坏，纤维受拉力后形成的。与此同时，在图 3-10（a）、（c）中可以看到纤维在混凝土中杂乱分布，其中纤维牢牢镶嵌在水泥石中，阻隔了横向裂缝的扩展，因此纤维有改善内部裂纹的作用。图 3-10（c）、（d）中，纤维一端镶入混凝土基体中，另一段连接着掉落的混凝土，图 3-10（b）为纤维拔出形成的孔洞，这些 SEM 试验图像再次证明了废弃纤维在再生混凝土基体中起到了桥接作用，在宏观上表现为废弃纤维再生混凝土有较好的抗裂性能。纤维的阻裂机理为：纤维在水泥石基体中乱向分布并可结成空间网状结构，该结构在水泥石进行水化过程及早期体积收缩中，微裂缝的产生和开展必然会受到纤维的有效约束和阻挡，提高混凝土的均质性，减少固有缺陷，阻止了水分蒸发的通道，较少或延缓了水分的散失。

3.4.3 废弃纤维再生混凝土裂纹细观形貌

废弃纤维再生混凝土中的微裂纹，按照位置分类主要有再生骨料原始损伤产生的初始裂纹、ITZ 处原始裂纹、水泥基体处裂纹。细观裂纹形貌如图 3-11 所示。

骨料初始损伤裂纹［图 3-11（a）］主要是由于再生骨料来自于从旧建筑物上拆除的废弃混凝土，经破碎产生的再生骨料。在生产时，本身的损伤积累导致其内部和表面存在不同程度的缺陷和裂纹。这类裂纹大多数是不可避免的，与再生粗骨料的制备工艺相关，可由水泥水化过程中产生的水化产物部分修复。

ITZ 处的裂纹形态如图 3-11（b）所示。ITZ 处微裂纹的数量是由原材料的性质、制备方法和养护条件等因素决定的。在混凝土制备中的振捣过程会使拌合物产生泌水现象，在粗骨料表明形成一层厚水膜，随着粗骨料尺寸的增大水膜的厚度逐渐增大，在水化过程中由于内应力作用形成了 ITZ 初始裂纹且 ITZ 处的强度较低。当混凝土受到外力作用时，ITZ 处存在的原始裂纹会沿着 ITZ 进一步扩展，当压应力达到极限强度 40％～70％时，应变增加速度比应力增加的快，并且这种趋势会越来越明显，而当压应力大于极限强度的 70％时，随着应力的增加，硬化水泥浆体中的大孔周围会产生应力集中，使硬化浆体出现

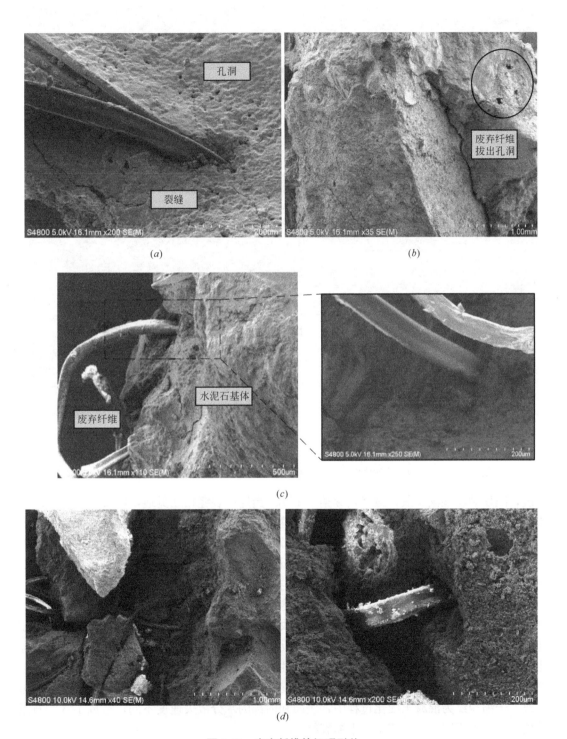

图 3-10　废弃纤维的细观形貌

（a）废弃纤维镶嵌在混凝土中；（b）废弃纤维拔出后孔洞；
（c）废弃纤维在水泥基体中的形态；（d）废弃纤维在水泥基体中的桥接作用

图 3-11　裂纹细观形貌

（*a*）骨料裂纹；（*b*）ITZ 裂纹形貌；（*c*）水泥基体裂纹形貌

裂缝，随后裂缝逐渐扩展，最终贯穿整个 ITZ。当这些裂缝相互贯通，混凝土最终出现开裂而被破坏。而当混凝土受到拉应力时，裂缝扩展更快，因此造成了混凝土在宏观力学上体现出来的抗拉强度更低。另外，由于再生骨料与水泥浆体弹性模量和热膨胀系数的差异，界面的弹性模量和强度都远远低于水泥石基体和再生骨料，所以当环境温度、湿度变化时，两者的变形不一致，从而导致水泥石与再生骨料之间产生微裂缝。

图 3-11（*c*）为水泥基体处的裂纹，这类裂纹主要分为两种：塑性裂纹和干缩裂纹。塑性裂纹为再生混凝土塑性状态下由于体积收缩而产生的裂纹，塑性裂纹在本质上是由于化学减缩产生的，在水泥的水化初期，水化反应激烈，随着分子链的逐渐形成水泥石基体中的水分减小，造成了骨料沉降从而产生塑性裂纹。另一方面，当塑性收缩受到限制时会产生内应力，处于塑性阶段的水泥石基体强度不足以抵抗内应力的作用，因此也会产生微裂纹。干缩裂纹为混凝土硬化过程中，表面和内部的水分散失速度不同，造成了水泥石基体的收缩速度不同，从而产生了干缩裂纹。

3.4.4　废弃纤维再生混凝土孔结构细观形貌

孔结构不仅是水分及其他有害物质的渗透通道，同时也是裂纹扩展的主要薄弱区域。硬化的水泥石中的孔结构主要包括数量不同、大小不等的气孔，成型时残留气泡、水泥浆

体中的毛细孔和凝胶孔、接触处的孔穴等。废弃纤维再生混凝土中孔的细观形貌如图 3-12
所示。

图 3-12　孔结构细观形貌

由图 3-12 可以看出，孔结构主要分布在 ITZ 和水泥石基体处，结合图 3-10（a），在
200 倍、500 倍、1000 倍的显微倍数下的 SEM 图中都可以清楚的观测到孔结构，可以看
到大量的气孔，此类孔多为有害孔及多害孔，混凝土的耐久性能在细观尺度上主要取决于
孔结构。水泥水化 24h 后，硬化的水泥石中 60%～80%的气孔孔径在 100nm 以下。随着
水化进程，水化产物的增多，小于 10nm 的凝胶孔相应增加，毛细孔逐渐被填充而减少，
总孔隙率降低。废弃纤维在细观上穿过部分孔结构，将有害和多害的大孔细化为小孔，甚
至将其阻塞，起到了一定的改善混凝土内部孔结构的作用。废弃纤维的加入降低了大孔形
成几率，优化了再生混凝土内部的孔结构。并且废弃纤维的加入在一定程度上增加了孔通
道的曲折度，降低了渗透性。孔结构的优化可以使再生混凝土的细观结构及宏观力学性
能、耐久性能得以提升，虽然在细观形貌中纤维对孔结构有所改善，但是纤维的加入增加
了再生混凝土内部的界面数量。综上分析，废弃纤维的加入对孔结构的影响是复杂的，具
体的定量分析将在第 5 章进行详细研究。

由 3.2.2 和 3.2.3 节的分析可知，ITZ 的强度主要取决于各类晶体形成的孔结构，其
中孔隙率和孔径越大，ITZ 的强度越低。即使水灰比较小的混凝土，ITZ 早期产生的孔结
构的孔径和孔隙率都比水泥石基体大，所以 ITZ 的强度较水泥石基体低。随着龄期增长，
ITZ 的强度逐渐增大至与砂浆强度相当甚至大于砂浆强度。这是因为骨料表面未发生水化
反应的水泥颗粒进行了二次水化，形成结晶产物，这些产物一方面能起到进一步填充孔隙
的作用，另一方面又能有效减小 ITZ 中粗大的 CH 晶体量，从而增大 ITZ 强度。除了影响
强度之外，由于 ITZ 的高孔隙率以及微裂缝，混凝土整体密实性降低，使其抗渗性比相应
的水泥石或砂浆差，从而导致了混凝土碳化、钢筋锈蚀等耐久性问题的产生。

3.5　本章小结

本章详细研究了废弃纤维再生混凝土的主要水化产物，及其形貌特征；分析了 ITZ 的
形成机理、发展过程以及破坏形式；采用 SEM 试验观测了废弃纤维再生混凝土中不同相

的细观形貌。基于上述研究，主要得到了如下结论：

（1）废弃纤维再生混凝土的水泥基体水化产物与普通混凝土相同，包括凝胶体和晶体两种结构，分别为：C-S-H 凝胶、CH 晶体、AFt 和 AFm。AFt 主要承担混凝土早期强度，CH 晶体和 C-S-H 承担中后期硬度，AFm 承担后期硬度。凝胶体和晶体的相对含量对废弃纤维再生混凝土界面的强度具有重要影响。

（2）废弃纤维再生混凝土为多相结构，分别为原天然骨料相、旧水泥砂浆相、新水泥砂浆相、原天然骨料与旧水泥石的界面相、原天然骨料与新水泥石的界面相、新旧水泥石界面相和纤维与水泥石界面相。复杂界面结构是造成废弃纤维再生混凝土性能不如普通混凝土的主要原因。

（3）天然骨料与水泥石界面的粘结程度优于再生骨料与水泥石界面。在细观尺度上，废弃纤维在水泥石基体中对微裂缝的开展进行了有效约束和阻挡，在宏观尺度上表现为废弃纤维再生混凝土良好的抗裂性。除此之外，废弃纤维可以穿过部分孔隙，将大孔细化为小孔，甚至将其阻塞，起到了改善混凝土内部孔结构的作用。

（4）ITZ 内的水化产物结晶程度高、晶体尺寸较大，因此 ITZ 的孔隙率较水泥石基体高。从废弃纤维再生混凝土孔结构 SEM 图可以看出，孔结构分布广、尺寸跨度大，是影响废弃纤维再生混凝土力学性能和耐久性能的主要细观因素。

4 混凝土孔结构分形模型

4.1 引言

分形理论为一门非线性学科，是处理自然界零碎和复杂现象的有力工具。分形理论具有深刻理论意义的同时又具有重要的实用价值。它的出现给人们认识自然界带来了新的方式和方法，也为人们解决复杂问题开辟了一条新的思路。

本章主要介绍分形理论的基本原理及其主要特点，其中分形维数是表征和描述复杂对象的方法，也是分形理论在混凝土中应用的主要手段。在此基础上，建立三种混凝土孔结构分形模型，为本书的分析提供理论基础。

4.2 分形原理

分形理论的研究对象为非规则几何的复杂形态。自然界中，大量物体的形状都是不规则的，比如迂回的山川河流、弯弯曲曲的海岸线、枝繁叶茂的分叉树枝、土壤等多孔介质等。这些复杂形状的整体或局部都不能使用传统欧氏几何维数来描述，因此分形几何便应运而生。"分形"的原意是指不规则的、分数的、支离破碎的，因此"分形"可以理解为一种具有自相似特征的图形、现象或者物理过程。

分形几何的重要性质为自相似性，自相似性是指描述对象在局部放大后得到的形状与整体形状具有一定的相似度。如分形对象花菜，在局部放大后仍具有和本体相同的形态特征，如图4-1所示。

图4-1 分形对象的自相似性

自相似图形在不同的放大尺寸下，形貌是一致或近似的。因此可以直观地理解为，一个分形对象可以分成若干部分，每个部分都可以看成或近似地看成是整体的一个缩小尺寸的版本。自相似可以是精确的自相似，也可以是近似相似抑或是统计理论层面的相似。精确自相似通常只存在于由于数学方法产生的规则图形中，在混凝土中应用的模型为精确自相似模型。近似自相似也称为半自相似，在三种相似模式中更为广泛，当在不同的尺度下观测描述对象时，看到的结构不是精确形似的，而是近似相似，在自然界中更为常见，如图 4-1 中的花菜就是近似相似的，近似自相似仅存在于一定的范围内。而统计自相似性是在统计意义上的自相似，反而在视觉上看起来并没有明显的自相似性，如信号的传输曲线等时间序列信号，虽然局部放大后没有明显的相似性，但是统计参数却是一致的，分形维数会随着曲线区域的放大而保持为常数，这就是统计自相似性。

分形几何的另一个特征为无尺度性，无尺度性是指在分形对象上任选一个局部区域对其进行放大或者缩小，它的形态、复杂程度、不规则性等均不发生变化的特征。这意味着当采用不同的尺度去观察对象时，所看到图案细节都是一致的，且与观测的尺度无关。无尺度性与自相似性是具有相同之处的，具有尺度不变性的对象，必定满足自相似的性质。但是具有自相似性的对象，不一定具有无尺度性，自相似性可以存在于具有无尺度性的一段区域内，如果超出这个区域便没有自相似性了，且分形也不存在了。

欧氏几何是产生最早且应用最广的几何学。欧氏几何与分析几何的主要区别首先体现在维数上。欧氏几何研究的对象为规则的物体，但是自然界中绝大多数的物体并不完全都可以用欧氏几何维数来描述，即维数为整数。分形几何由于采用分数形式来描述几何维度，因此更适用于描述不规则的复杂图形。其次，欧氏几何和分形几何的另一个主要区别是规则几何都具有一定的特征尺度，但是分形几何没有这种特征尺寸，它含有一切尺度的要素，在每个尺度上都可以观测到对象的复杂细节，欧氏几何与分形几何的其他区别列于表 4-1 中。

欧氏几何与分形几何的区别　　　　　　　　　　　　　　　　表 4-1

类型	描述方法	描述对象	维数	特征尺寸
欧氏几何	数学语言	连续、光滑、规则、可微	0、1、2、3	有
分形几何	迭代语言	不连续、粗糙、杂乱无章、不可微	分数	无

综上所述，欧氏几何和分形几何的描述对象不同，欧氏几何的描述对象为人类创造的标准图形，具有连续、光滑、可微等特点，而分形几何的描述对象为自然界中复杂的真实物体，它们是不连续、粗糙、不可微的。分形几何的初始研究对象为欧氏几何中的复杂子结构，随着分形几何的发展，分形作为一种复杂现象在自然科学和工程问题中得到了广泛研究。

4.3　分形维数

对于一个复杂对象，采用传统欧氏几何无法用数学语言描述，因此为了能够描述它，提出维数可以不是整数，而是分数的，即分数维数或分形维数，简称分维。欧氏几何的整数维数只能描述几何图形的静态特征，而分形几何的分形维数描述的是几何图形的动态变化。从一般意义上来说，分形维数是用来衡量一个几何集或自然物体不规则和破碎程度的一个值，分形维数 D 越大，所反映的对象越复杂。

分形维数的种类和计算方法很多，当描述不同的研究对象时所选择的分形维数不同。分形维数的计算方法中，一些为经典分形理论的计算方法，还包括一些学者们为研究需要结合实际研究成果从经典算法中演化而来分形维数计算方法。本章主要介绍在混凝土研究中常用的相似维数和盒计数维数。

4.3.1　相似维数

一个对象的长度、面积、体积与它分割情况的关系可以通过引入分形维数的方式来表达。相似维数相比于其他维数更易理解，其定义为：

当用长为 ε 的尺子去测量一条单位长度的线段（$D_T=1$）时，那么测得的数目 $N(r)$ 与尺度 ε 之间的关系为：

$$N(\varepsilon)=\varepsilon^{-1} \tag{4-1}$$

对于一块单位面积的二维正方形平面（$D_T=2$），分成 N 份，则分割的小正方形的面积为 ε^2，显然有 $N\times\varepsilon^2=1$，那么二维平面的小正方形测量数目 $N(\varepsilon)$ 为：

$$N(\varepsilon)=\varepsilon^{-2} \tag{4-2}$$

同样，对于一个单位体积立方体（$D_T=3$）而言，显然有 $N\times\varepsilon^3=1$，于是，三维立体测量数目为：

$$N(\varepsilon)=\varepsilon^{-3} \tag{4-3}$$

因此可知线、面、体的维数分别为 1、2、3，因此可以归纳为：

$$N(\varepsilon)=\varepsilon^{-D} \tag{4-4}$$

对式（4-4）两边取对数，可以得到以下数学计算式：

$$D=\log N(\varepsilon)/\log(1/\varepsilon) \tag{4-5}$$

式中，对数 log 表示可取任意底数；D 的值可为整数，也可为分数。

由此引出相似维数的定义：如果一个分形对象 A（整体）可以划分为 $N(A,\varepsilon)$ 个同等大小的子集（局部单元），每一个子集以相似比 ε 与原集合相似，则分形集 A 的相似维数 D_s 定义为：

$$D_s=\lim_{\varepsilon\to0}\frac{\log N(A,\varepsilon)}{\log(1/\varepsilon)}=-\lim_{\varepsilon\to0}\frac{\log N(A,\varepsilon)}{\log\varepsilon} \tag{4-6}$$

相似维数 D_s 一般情况下为分数形式，主要用于描述具有自相似特点的规则分形图形。分形几何中，在未做特殊说明的情况下相似维数 D_s 便为分形维数，一般用 D 直接表示。典型分形图形的形式与相似维数见表 4-2。

典型分形图形及分形维数　　　　　　　　　　表 4-2

分形图形	原始图形	第一次分割	多次分割	相似维数
Cantor 尘埃				$D_s=\dfrac{\log4}{\log3}$ $=1.26186$
Box 分形				$D_s=\dfrac{\log5}{\log3}$ $=1.46497$

续表

分形图形	原始图形	第一次分割	多次分割	相似维数
Koch 曲线				$D_s = \dfrac{\log 4}{\log 3}$ $= 1.26186$
Koch 雪花				$D_s = \dfrac{\log 4}{\log 3}$ $= 1.26186$
二次 Koch 岛				$D_s = \dfrac{\log 18}{\log 6}$ $= 1.61315$
Sierpinski 三角				$D_s = \dfrac{\log 3}{\log 2}$ $= 1.58496$
Sierpinski 方毯				$D_s = \dfrac{\log 8}{\log 3}$ $= 1.89279$

4.3.2　盒计数维数

盒计数维数的原理就是采用边长为 ε 的小正方体（盒子）去覆盖一条曲线、一个曲面和一个实心的立方体，然后计算所需要的小正方形的个数，盒计数维数的定义为如下：

设 A 为非空的有界子集，对于任意一个尺度 $\varepsilon > 0$，$N_\varepsilon(A)$ 表示用来覆盖 A 所需边长为 ε 的 n 维盒子的最小数目。如果存在一个 d 使得当 ε 趋近于 0 时有：

$$N_\varepsilon(A) \propto 1/\varepsilon^d \tag{4-7}$$

其中 d 为 A 的盒计数维数，且当仅当存在一个 k 使得：

$$\lim_{\varepsilon \to 0} \frac{N_\varepsilon(A)}{1/\varepsilon^d} = k \tag{4-8}$$

对式（4-8）两端取对数，可得：

$$\lim_{\varepsilon \to 0}(\log N_\varepsilon(A) + d\log\varepsilon) = \log k \tag{4-9}$$

整理可求得：

$$d = \lim_{\varepsilon \to 0} \frac{\log k - \log N_\varepsilon(A)}{\log \varepsilon} = -\lim_{\varepsilon \to 0} \frac{\log N_\varepsilon(A)}{\log \varepsilon} \tag{4-10}$$

式（4-10）中 $\log k$ 为常数项，当 ε 趋近于 0 时，分母趋于无穷大，因此可以舍去。通

常用 D_b 来表示盒计数维数。

　　在实际计算中，使用边长为 ε 的 n 维盒子，来计算出不同 ε 值的盒子覆盖 A 的个数 $N_{\varepsilon}(A)$，然后绘制双对数曲线，横坐标为 $-\log\varepsilon$，纵坐标为 $\log N_{\varepsilon}(A)$。曲线的斜率采用最小二乘法进行线性回归。例如典型的 Koch 曲线的盒计数维数的计算方法如图 4-2 所示。

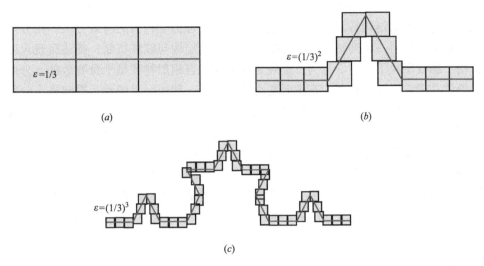

图 4-2　Koch 曲线的盒维数计算示意图
(a) 原始图形；(b) 一次迭代；(c) 二次迭代

　　如图 4-2 所示，采用不同的盒子大小覆盖 Koch 曲线，其中图 4-2 (a) 为原始图形，用尺寸为 $\varepsilon=1/3$ 的小盒子覆盖，则有 $N(1/3)=3$。图 4-2 (b) 中为第一次迭代，用尺寸为 $\varepsilon=(1/3)^2$ 的小盒子覆盖，则有 $N(1/9)=N((1/3)^2)=12=3\times4$。图 4-2 ($c$) 为第二次迭代，用尺寸 $\varepsilon=(1/3)^3$ 的小盒子覆盖，则有 $N(1/27)=N((1/3)^3)=48=3\times4^2$。从而可以推导出经过 $n-1$ 次迭代后，$N((1/3)^n)=3\times4^{n-1}$。因此可以推导出 Koch 曲线的盒维数的计算过程如下：

$$D_b=\lim_{\varepsilon_n\to0}\frac{\log N(\varepsilon_n)}{\log(1/\varepsilon_n)}=\lim_{n\to\infty}\frac{\log N((1/3)^n)}{\log(1/(1/3)^n)}$$

$$=\lim_{n\to\infty}\frac{\log(3\times4^{n-1})}{\log3^n}=\lim_{n\to\infty}\frac{\log4}{\log3}=1.26186$$

(4-11)

　　由式（4-11）和表 4-2 可知，相似维数 D_s 与盒维数 D_b 是相等的，但是计算量却相差较多，相似维数的计算方法更简单。因此分形理论在应用的时候，选择合理的理论模型和计算方法是十分必要的。

4.4　混凝土孔结构的分形特征

　　多孔介质的宏观性质在不同程度上受到孔隙空间结构的影响，一般情况下，描述多孔介质宏观性质的宏观参数取决于介质内部的孔隙空间结构。在混凝土中硬化水泥石的多孔性特征是对混凝土耐久性影响最大的特征。由于混凝土是一种复杂的材料体系，具有多组分、多尺度、多相、非均值等结构特点，因此造成混凝土内部孔隙的空间结构是十分复杂的。

对混凝土内的孔结构进行定量的描述一直是一项困难的科研工作，这主要是由于混凝土内孔的形貌多样、孔径分布范围广、孔径曲折等特点，因此很难对混凝土孔结构采用几何方法进行准确的解析并进行整体量化，只能从统计学的观点进行研究。

然而分形理论是近年来描述材料微观、细观、宏观尺度上自相似等特征的有效途径，是探索不同尺度上的结构特征与宏观领域表现出的物理力学行为的有效方法。用分形科学分析评价混凝土材料一系列特征，研究材料的组成、结构与破坏机制，描述微观尺度下的精细结构、细观层次下的力学行为及宏观领域表现的自相似特征是十分有效的。分形理论的主要价值在于它为极端有序和真正混沌之间提供了一种中间可能性，看起来十分复杂的事物，事实上大多数可以用仅含有很少参数的简单公式来描述，这就是分形理论在混凝土孔结构研究中最显著的特征。分形是研究"具有自相似、自仿射的精细结构"的复杂系统演化规律的重要理论方法。不同的分形维数分别从不同角度来描述混凝土孔结构，对具体问题要分析哪些参数起主要作用。分形理论应用于混凝土孔结构的研究中不仅可以使人们对孔隙结构有定量的认识，还为解决孔隙结构中的复杂问题提供新的研究手段。本节主要在考虑孔结构中的孔隙级配、孔体积和孔的曲折度三个重要特征的基础上建立了分形模型。

4.4.1　孔面分形模型

混凝土截面的孔隙结构主要借助高倍相机、显微镜等器材来获取。然后对获取的图片借助计算机图像软件进行二值化处理，对孔隙的边界进行描述，如图 4-3 所示。图 4-3（a）为原始的 SEM 电镜图，浅色部分为固体基体，深色部分为孔的空间，深色部分的外轮廓线为孔的轮廓线。为了更清晰的表达轮廓线，进行二值化处理，将 RGB 值转化为灰度值，如图 4-3（b）所示。

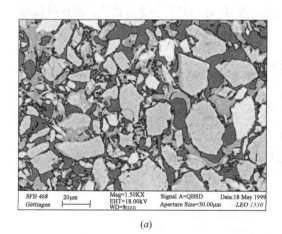
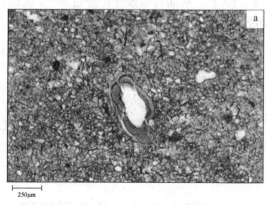

(a) (b)

图 4-3　孔轮廓描述方法
（a）原始 SEM 电镜图；（b）RGB 转换为灰度

对图 4-3 的断面中的孔结构轮廓曲线采用不同尺度 ε 进行测量，其轮廓线的长度会有明显的差异。码尺越小，测量到的长度越大。事实上，测量的长度可以近似的表示为：

$$L(\varepsilon) \propto \varepsilon^{1-D_L} \tag{4-12}$$

式（4-12）是由 Richardson 于 1961 年凭经验推导出来，这是一种基于比例长度的测量方法。因此，所绘制的双对数曲线 log—log 中的点也被称为"Richardso 点"。式中 ε 为相对测量的尺度，D_L 为孔隙的面分形维数，对式（4-12）两端取对数则有：

$$\log L(\varepsilon) = (1-D_L)\log\varepsilon + c \tag{4-13}$$

通过对孔轮廓曲线长度与尺度的 log—log 曲线的斜率即可求得混凝土断面孔的面分形维数 D_L。面分形维数 D_L 用来表征孔的粗糙程度，但该分形维数数值的大小与所取得混凝土截面的位置相关性较大，因此无法整体地表达混凝土内的孔结构。

4.4.2　孔体积分形模型

混凝土孔的体积分形维数主要采用门格尔海绵（Menger sponge）模型，简称为 Menger 模型，进行计算。Menger 模型由澳大利亚数学家 Kari Menger 于 1926 年首次提出，该模型是在空间上构造的分形模型，它是三维分形模型中最有代表性的。

混凝土这类多孔介质主要是由颗粒、孔隙、凝胶等组成的。混凝土的结构特点与 Menger 分形模型的构造过程十分相似，因此混凝土内的孔结构用分形模型进行定量描述是可行的。

Menger 模型的构造机理是利用对初始元反复复制生成图形的构造过程，如图 4-4 所示，主要用来模拟混凝土内部硬化的水泥石基体和孔隙的空间构造。Menger 模型的构造方法如下：设立方体的边长为 R，将立方体每边进行 m 等分，得到 m^3 个小立方体，去掉其中 n 个小立方体，得到一次迭代后的图形，该图形中的立方体个数为 m^3-n。重复此步骤，进行第二次迭代，二次迭代图形中还有 $(m^3-n)^2$ 个立方体。则经过 k 次分割后，剩下的立方体尺寸越来越小，数目越来越大。根据公式（4-14）计算孔隙体积分形维数：

$$D_v = \frac{\log(m^3-n)}{\log m} \tag{4-14}$$

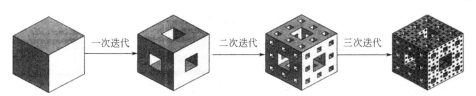

图 4-4　Menger 模型构造图

经过 k 次操作后，小立方体的尺寸为 $r_k = R/m_k$；剩余小立方体的数目为 $N_k = (m^3-n)^k$。则剩余立方体体积可表示为：

$$V_k = r_k^3 (m^3-n)^k \tag{4-15}$$

根据式（4-4）剩余立方体的相对体积 V_k 可表示为：

$$V_k = r_k^3 \left(\frac{r_k}{R}\right)^{-D_v} = R^{D_v} r_k^{3-D_v} \tag{4-16}$$

设 p 为材料的相对孔隙率，则剩余立方体的相对体积可表示为：

$$V_k = 1 - p = \left(\frac{r_k}{R}\right)^{3-D_v} \tag{4-17}$$

于是孔的体积分形维数 D_v 可表示为：

$$D_v = 3 - \frac{\log(1-p)}{\log\left(\dfrac{r_k}{R}\right)} \tag{4-18}$$

由式（4-18）可求得混凝土孔隙的体积分形维数 D_v。其值可通过压汞试验不同压力点所对应的数组 $\log(1-p)$，$\log(r_k/R)$ 进行线性回归得到。孔体积分形维数可以动态地表征孔结构在空间分布的复杂程度，并给复杂程度的描述提供定量的理论依据。孔体积分形维数值越大，孔径大小的空间分布越不规则，孔结构的复杂程度越高。

孔体积分形维数可以用来确定混凝土内孔的级配。根据分形几何原理，混凝土中孔隙半径大于 r 的孔隙数目 $N(>r)$ 与半径 r 之间有如下关系：

$$N(>r) = \int_r^{r_{max}} f(r)\mathrm{d}r = \alpha r^{-D_v} \tag{4-19}$$

式中，$f(r)$ 为孔径密度函数，r_{max} 为最大孔隙半径，D_v 为孔隙体积分形维数，α 为比例系数。式（4-19）对 r 求导，可得到孔径分布的密度函数的表达式：

$$f(r) = \mathrm{d}N(>r)/\mathrm{d}r = -D_v \alpha r^{-D_v-1} \tag{4-20}$$

将式（4-17）代入混凝土中孔径半径小于 r 的孔隙累积体积的表达式，并积分，可以得到：

$$V(<r) = \int_{r_{min}}^r f(r)\beta r^3 \mathrm{d}r = \frac{D_v \alpha \beta}{3-D_v}(r^{3-D_v} - r_{min}^{3-D_v}) \tag{4-21}$$

式中，r_{min} 为最小孔隙半径，β 为与孔隙结构有关的常数，当孔隙为立方体时 $\beta=1$，当为球体时 $\beta=4\pi/3$。

同理，可得到总孔隙体积：

$$V = \frac{D_v \alpha \beta}{3-D_v}(r_{max}^{3-D_v} - r_{min}^{3-D_v}) \tag{4-22}$$

这样可以得到孔隙半径小于 r 的累积孔隙体积分数 S 的表达式为：

$$S = \frac{V(<r)}{V} = \frac{r^{3-D_v} - r_{min}^{3-D_v}}{r_{max}^{3-D_v} - r_{min}^{3-D_v}} \tag{4-23}$$

由于 $r_{min} \ll r_{max}$ 则上式可以简化为：$S = (r/r_{max})^{3-D_v}$。

将压汞试验的基础理论方程 $P_c = 2\sigma\cos\theta/r$ 带入上式，可得到：

$$S = (P_c/P_{min})^{D_v-3} \tag{4-24}$$

式中，P_c 为孔隙半径 r 所对应的压力，σ、θ 为液体的表面张力和润湿接触角，P_{min} 为最大孔隙半径，r_{max} 所对应的毛细管压力。

孔隙分布的分形概率模型用式（4-19）可计算孔隙分布的概率密度函数，但在该表达式中的比例系数 α 很难确定，为此采用古典条件概率分布的定义方法来计算孔隙的概率密度分布。设孔隙半径 r 的范围是 $[r_{min}, r_{max}]$，按古典概率分布定义有：

$$\Phi = \{r > r_p | r_{min} < r < r_{max}\} = \frac{N(r_p) - N(r_{max})}{N(r_{min}) - N(r_{max})} \tag{4-25}$$

则分布函数为：

$$F(r_p) = \Phi\{r > r_p | r_{min} < r < r_{max}\} = 1 - \frac{N(r_p) - N(r_{max})}{N(r_{min}) - N(r_{max})} \quad (4-26)$$

将式（4-19）代入式（4-26）并整理可以得到孔隙分布的表达式：

$$F(r_p) = 1 - \frac{r_p^{-D_v} - r_{max}^{-D_v}}{r_{min}^{-D_v} - r_{max}^{-D_v}} \quad (4-27)$$

对式（4-27）求导可以得到孔隙分布的概率密度函数表达式：

$$f(r_p) = D_v r_p^{-D_v-1} / (r_{min}^{-D_v} - r_{max}^{-D_v}) \quad (4-28)$$

根据式（4-28）可以计算出混凝土结构孔隙大小的频率密度分布，由此可以计算出孔级配的概率分布。采用孔体积分形维数对多孔介质的性质进行研究开展较多。孔的体积分形维数可以从整体和空间分布上反映孔结构的性质。

4.4.3 孔曲折度分形模型

在混凝土前期的研究中，抗渗模型假设多为直线型的平滑圆柱孔。而实际上混凝土孔通道不是完全笔直的，它们大多数是曲曲折折的，可以近似看成迂曲的毛细管。从统计学角度来说，假设离子在触碰到孔壁或者其他离子之前所经过的轨迹是直线，在发生触碰后孔道的直径与离子的平均自由程不同，离子在孔道内的径向距离也不同。由于多孔介质内的孔长远大于其径向距离 $L_t \geqslant L_0$，因此可以将多孔介质的内孔抽象为曲线，图 4-5 为简化后混凝土内部的孔道形态。

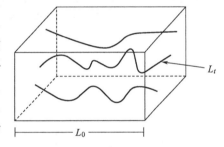

图 4-5　混凝土中孔的曲折形态

学者们通常将曲折度作为反映孔隙迂曲程度的指标，曲折度 τ 的具体定义如下：

$$\tau = \frac{L_t}{L_0} \quad (4-29)$$

式中，L_0 是沿着流动方向有效孔隙的直线长度，L_t 是有效孔隙的实际长度。当 $\tau = 1$ 时，说明有效孔隙是笔直的。

由于不同材料的内部结构非常复杂，孔隙的分布不规则并且随机性很大，因此学者们通过试验和理论计算孔隙的曲折度是非常困难的。通常认为当孔隙率趋于 1 时，介质中就不存在固体颗粒了，因此曲折度也趋于 1。很多学者选用试验方法直接测定多孔介质中流动孔径的曲折度，经验公式列于表 4-3 中。

孔的曲折度经验公式　　　　　　　　　　　　　　　表 4-3

序号	经验公式	研究对象	文献作者
1	$\tau = 1 + c\ln(1/\phi)$ 球形颗粒 $c = 0.41$ 立方体颗粒 $c = 0.63$	填充床	Wyllie,1955

序号	经验公式	研究对象	文献作者
2	$\tau = (1 + \phi^{-1})/2$	多孔材料	Berryman, 1981
3	$\tau = [1 - \ln(\phi)^2]^{1/2}$	细颗粒沉积物	Boundreau B. P., 1996
4	$\tau = \phi^{-1.2}$	沉积岩	Boving et al., 2001
5	$\tau = a(d_p/d_a) + b$	透水混凝土	R. Zhong et al., 2016

注：ϕ—孔隙率；a, b, c—经验参数；d_p—平均孔径；d_a—骨料直径。

从表 4-3 可以看出，尽管学者们付出了很多心血，也将测得的结果拟合成较为简单的经验公式，但是公式的拟合过程中通常都包含了物理意义不明确的经验参数，如表 4-3 中 5 号经验公式中包含两个经验参数。因此，采用合理方法对孔通道结构进行描述是十分必要的。孔通道的轴线不是一条直线，而是弯弯曲曲的复杂曲线，具有明显的分形特征，因此可以将混凝土基体内的孔轴线抽象为分形曲线，采用分形维数作为描述孔轴线的特征参数，并以其来衡量孔通道的弯曲程度。很多学者将分形理论应用到孔曲折度的研究中，分形理论为描述孔隙通道的复杂结构提供了有力的工具。

以分形几何中的 Von Koch 曲线模型为基础，建立孔轴线分形维数计算模型，其计算公式如下：

$$\log\left(\frac{d^2 V}{dr^2}\right) \propto (1 - D_t)\log r \tag{4-30}$$

根据 Tyler 流体力学定理，通过随机复杂的多孔介质可表示为：

$$L_t(\varepsilon) = \varepsilon^{1-D_t} L_0^{D_t} \tag{4-31}$$

式中，ε 为相对测量的尺度，D_t 为描述流管曲折程度的分形维数。

用孔隙直径 λ 代入 ε，则有孔隙的分形标度关系：

$$L_t(\lambda) = \lambda^{1-D_t} L_0^{D_t} \tag{4-32}$$

将式（4-29）代入到（4-32）中，可得：

$$\tau = \frac{L_t(\lambda)}{L_0} = \left(\frac{L_0}{\lambda}\right)^{D_t - 1} \tag{4-33}$$

在二维平面中，D_t 采用 Von Koch 进行计算，因此满足 $1 < D_t < 2$，当 $D_t = 2$ 时，表示孔隙曲折到已经填充满整个平面。

4.5 本章小结

本章主要介绍了分形几何的基本原理、分形维数的计算方法和典型的分形图形，并将分形理论应用到混凝土孔结构的研究中。本章研究成果为废弃纤维再生混凝土孔结构与氯离子渗透性能的关系研究提供理论基础。主要研究内容及相关结论为：

（1）分形几何是了解自然界中复杂、零碎现象的主要科学方法。区别于欧氏几何，其研究对象为不连续、粗糙、杂乱无章、不可微的并且在一定尺度上具有自相似特点的事物。分形维数是物体分形表现的定量表述方式，分形维数越大，描述的对象就越复杂。

（2）混凝土的孔结构具有分形特征，采用分形理论可以应用细观参数对宏观现象进行描述，从而实现"多尺度"研究。细观上分形维数越大，混凝土中孔壁越粗糙、孔的空间分布越复杂，宏观上表现为混凝土越密实、强度越高及耐久性越好。

（3）采用分形理论中的 Menger 模型、Von Koch 曲线模型及相关理论，结合废弃纤维再生混凝土的孔结构特点，建立了孔结构的面分形维数模型、体积分形维数模型及曲折度分形维数模型。

5 废弃纤维再生混凝土的孔结构

5.1 引言

由第 3 章的分析可知，废弃纤维再生混凝土的细观显微结构非常复杂，是一个含有固、液、气多相的、非均质的多孔体系。在混凝土耐久性能的研究中，确定该多相孔体系的宏观输运机制是至关重要的，其中诸如渗透率、孔隙度、传输路径等宏观输运机制的重要评价参数都与细观孔隙结构密切相关，也可以理解为废弃纤维再生混凝土的耐久性在细观尺度上为孔结构。因此，采用合理的方法对于废弃纤维再生混凝土的细观孔结构进行研究是对其耐久性能进行评价的重要内容。

废弃纤维再生混凝土由于掺入了再生骨料和废弃纤维，从而改变水泥的水化时间，影响了水泥石的水化速率，改变了内部的孔结构。因此，废弃纤维再生混凝土中的孔结构和形成过程必然会受到再生骨料取代率和废弃纤维体积掺量的影响，进而影响废弃纤维再生混凝土的宏观输运机制及耐久性能。

本章主要研究了再生骨料取代率及废弃纤维体积掺量对废弃纤维再生混凝土孔结构的影响。通过压汞试验，分析了废弃纤维再生混凝土的孔径分布及孔的特征参数。采用分形理论研究了孔结构的空间及曲折度分形特征，分别从统计学方法和分形方法对废弃纤维再生混凝土的孔结构进行了系统的研究。

5.2 混凝土的孔结构

5.2.1 孔结构的形成机理

多孔材料是一种由封闭或相互贯通的孔洞构成的空间网状材料，孔洞的边界或表面由支柱或平板构成。多孔材料可表现为细或粗的粉体、压制体、挤出体、片体或者块状体等形式。混凝土是一种多孔材料，它是由砂、石子、水泥和水以一定的比例进行拌合，随后经过搅拌、振捣、养护等工序而制备成的，其中，水泥为主要的胶结材料。在水化初期，水泥与砂和石子形成胶结体，这些胶结体中由于水化不充分、制备过程中引入空气及水化放热等原因形成大量的微裂纹和微孔隙，随着水化进程的深入，胶结体逐渐形成由固体基质和孔隙夹杂组成的复合材料，该复合材料由于多相结构的存在具有复杂的力学性能。

水泥遇水开始水化后，水泥颗粒之间的间隙被水所代替，水化作用下生成的胶结体的体积大于未水化矿物质的体积。最初为水泥颗粒所占有的容积，逐步被组分和结构略有不同的新生成物所取代。由本书 3.1 节中的 SEM 试验研究已经证实，新生成物不会形成连在一起的无孔隙实体，而是一种水化矿物质加上呈胶体颗粒的新生成物的结晶结合体。因此，原来在水泥颗粒之间的间隙被结晶结合体所取代。而水化初期，水所占的体积逐渐形成毛细孔。混凝土中的微裂纹和孔隙，尤其是孔隙形成贯穿了整过水化过程，因此孔隙是一个多尺度的概念，从纳米级的 C-S-H 层间孔隙，微米级的毛细孔到毫米级的空气气泡都存在于混凝土基体中。这些孔隙和微裂纹，对混凝土力学性能和耐久性能影响重大。

5.2.2　孔结构的分类

孔根据 ISO15901 中定义为，不同的孔（微孔、介孔、大孔）可视作固体内的孔、通道或空腔，或者是形成床层、压制体以及团聚体的固体颗粒间的空间（如裂缝或空隙）。孔在硬化基体中分为开孔和闭孔，开孔包括：交联孔、通孔和盲孔三种。开孔和闭孔的示意图如图 5-1 所示。开孔和闭孔可在后处理过程中进行转换，如高温烧结可使开孔变为闭孔。

由图 5-1 可以看出，通孔与硬化基体外界相连，此类孔可以通过压汞法或者气体吸附法进行测量，因此也可称为可测孔。除了可测孔之外，硬化基体中还有一些与外界不相通的

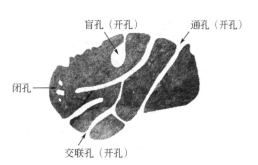

图 5-1　开孔和闭孔示意图

孔，统称为闭孔，由于流体不能渗入这类孔中，因此这类孔对混凝土耐久性影响很小。本书中所研究的孔均为通孔，统称为孔。孔结构的分类方式主要有三种：孔的位置、孔几何学（孔的形状及其空间排列）及孔的级配（孔径分布）。

（1）按照孔的位置分类

孔结构按照在混凝土中的位置主要分为：硬化水泥石中的孔隙、骨料初始存在的孔隙以及骨料与水泥石的界面孔隙三类。硬化水泥石中的孔结构可以通过在混凝土制备的过程中，改进施工工艺及控制水灰比等方法进行优化。对于另外两类孔，由于再生粗骨料自身的特点，骨料初始孔隙和界面孔隙成为再生混凝土孔结构的研究重点，其中，第3 章详细地介绍了再生混凝土的多重界面性，因此这使得测量和定义界面孔隙成为研究难点。并且，按照位置的分类方法无法掌握基体内孔的整体分布情况，因此在对多孔材料中的孔结构进行研究时，只有在针对某一位置的性能进行分析时，才会选择此分类方式。

（2）按照孔几何学分类

孔几何学主要是对孔的形貌和排列进行研究。孔的形貌包括圆形、不规则长条形、管形等，不同的孔结构模型对孔的形貌假设是不同的。孔的排列是指孔在空间位置的排列情况，主要是用来表征孔结构是密集还是稀疏、均匀还是不均匀、集中还是分散等特性。多孔材料中，孔结构越密实，孔径越均匀，孔的空间分布越分散，该多孔材料的强度越高，耐久性能越好。

（3）按照孔的级配分类

孔的级配是指基体中各孔径的分配情况。通过孔级配的方式对多孔材料的孔进行分类

可以从整体掌握孔结构的情况，对从细观尺度进行宏观力学性能、耐久性能的多尺度研究具有重要意义。混凝土中孔径大小千差万别，从近于分子的几埃到几毫米，不同孔径尺寸的孔对材料强度的影响不同；孔径尺寸差别小，即分布均匀时，强度高。当总孔隙率相同时，平均孔径小的材料强度高、渗透性低；因此可通过孔级配的改善来改善材料的某些性质。而小于某尺度的孔则可对强度及渗透性无影响。

在第 6 届国际水泥化学会议上，日本学者近藤连一提出将水泥石中的孔分为四类：

①凝胶微晶内孔：孔半径＜0.6nm，是最小的孔，采用水吸附法进行测试，孔内含有层间水，此类孔能级最高；

②凝胶微晶间孔：孔半径为 0.6～1.6nm，主要采用甲醇、氮吸附法测试，孔内含有结构水和非蒸发水，此类孔有不同的能级数。混凝土在水化的整个进程中都会生成凝胶类产物，因此当凝胶体的总体积随着水化的深入而增加时，混凝土中凝胶孔的总体积也随之增加，与此同时，毛细孔的体积会随着水化的深入而减少；

③凝胶粒子间孔：孔半径为 1.6～100nm，主要采用压汞法进行测试，此类孔在水泥基体中分布较广，主要是凝胶孔向大孔过度的孔，因此也称为过渡孔；

④毛细孔：孔半径＞100nm，主要采用压汞法进行测试，统称为大孔。这类大孔形状各异且相连接并随机地分布在水泥石中，它们表示了孔的总体积中没有被水化产物填充的部分，这些互相连通的毛细孔是气体、液体等介质在水泥石中的主要通道，因此毛细孔主要决定了硬化水泥砂浆体的耐久性能。毛细孔所占的体积主要取决于制备水泥石时所选用的水灰比以及水泥石的水化程度，在水化过程中水化产物的体积是原始固相体积的 2 倍多，毛细孔的体积随着水化的进行而减少。

Mikhail 提出当水灰比低于 0.35 时，水泥水化过程不充分，凝胶体的生成量不足以填充孔结构的空间，因此在水化完成后，水泥石中仍会有大量毛细孔的存在。在水化程度高的混凝土中毛细孔可能被凝胶类水化产物堵塞，成为只与凝胶孔相连的毛细孔，从而增加混凝土的密实性，提高抗冻和抗渗透等性能。

Kumar 等对水泥基体中的孔结构同样按照孔径进行了分类：

①凝胶孔：孔径为 0.5～10nm 的微观孔；

②毛细孔：孔径为 5～5000nm 的细观孔；

③大孔：孔径＞5000nm，此类孔分为两类，Ⅰ类是由于制备过程中带入空气形成，Ⅱ类大孔是由于不够密实而形成的大孔。在水泥石基体中，除了上述三类孔外，还存在尺寸为 1.5～2.0nm 裂纹，裂纹主要存在于骨料—砂浆界面处，是由干燥收缩造成的。此分类方式按照整个水化进程中，孔结构的生成类型、形态以及孔径进行分组，是目前混凝土多尺度研究中所采用较广泛的一种分类方式。混凝土中孔结构按此分类的示意图如图 5-2所示。

我国著名科学家吴中伟院士提出根据不同孔径对混凝土性能的影响情况对混凝土中的孔结构进行分类：

①无害孔级：孔径＜20nm；

②少害孔级：孔径为 20～50nm；

③有害孔级：孔径为 50～200nm；

④多害孔级：孔径＞200nm。

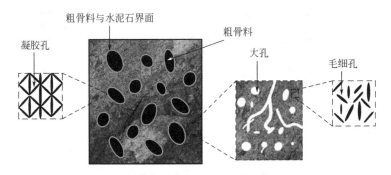

图 5-2　混凝土中的孔结构

根据混凝土中的孔级划分和孔隙率及其影响因素提出：增加 50nm 以下的孔，减少 100nm 以上的孔，可明显改善混凝土的性能。同时 Mehta 将孔分为四级：孔径<4.5nm、孔径为 4.5~50nm、孔径为 50~100nm 和孔径>100nm。并根据试验结果总出，当孔径<100nm 时，孔对混凝土的强度和抗渗性影响很小。

废弃纤维再生混凝土内部的孔结构由于再生骨料和废弃纤维的掺入变得更加复杂，考虑试验条件、理论模型等因素，采用位置和孔的几何学的方式来进行分类难以掌握孔结构的整体性。综上所述，本书采用孔的级配的分类方式对废弃纤维再生混凝土中的孔结构进行分析。

5.3　压汞试验

混凝土的孔结构的特征参数包括总孔隙率、孔径分布、形状，由于孔结构与水泥石的工程性质和耐久性有着紧密的联系，人们长期以来借助于各种方法对混凝土中的孔结构进行了测试。其中，压汞法（Mercury Intrusion Porosimetry），是操作最简单、试验时间最短、试验结果涵盖广泛孔径范围的应用于研究多孔材料的孔隙特征和孔的级配的一种试验方法。对于再生混凝土，由于再生骨料表面粘结了大量的老旧砂浆，因此再生混凝土的孔隙率与普通混凝土不同。基于此，许多学者对再生混凝土的孔结构进行研究，结果表明压汞试验可以应用于再生混凝土的研究，可以有效地表征再生混凝土中的孔隙特征及其孔径分布。

5.3.1　压汞试验原理

由第 3 章中电子扫描显微镜的观测结果可知，真实的孔结构形态是杂乱无章的，硬化水泥浆体孔的孔壁多为粗糙的，大孔的孔壁是由小孔及胶结体组成的粗糙面，而小孔的孔壁又是由微孔固体组成的粗糙面。因此，水泥石中的孔并不像压汞法中假想成的圆柱状毛细管系统（图 5-3）。尽管在压汞试验的理论中对孔的几何形状作了简化，但这不影响压汞试验定量的测试孔隙的细观结构，因此，压汞试验仍是目前对细观孔结构进行测量的较好方法。

压汞法的原理为在确定的压力下，将常温的汞压入到多孔材料的孔中，当汞进入到孔时，孔壁与汞的接触面会产生与外界压力相反向的汞表面张力，汞表面张力的产生阻碍了汞进入到孔中，根据力的平衡原理，建立压入多孔材料中的汞的体积与所施加的压力之间

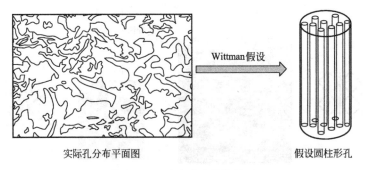

图 5-3　压汞试验孔结构假设

的函数关系，便可计算孔尺寸和相应的孔体积。

该试验方法之所以选择汞作为媒介，是由于汞与固体之间的接触角大于 90°，即汞不能浸润固体，必须在外力压力作用下才能使汞进入多孔固体中的微小孔内。欲使孔内的汞面保持平衡位置，必须使外界所施加的压力 P 同孔中汞的表面张力 P' 是相等的。

$$P = \pi r^2 p = P' = 2\pi r\sigma\cos(\pi - \theta) \tag{5-1}$$

式中，r 为毛细孔半径（nm），P 为施加给汞的压力（MPa），θ 为汞对固体的润湿角（135°～142°），σ 为汞表面张力，当温度为 25℃时取 484.2N·m^{-1}。

则

$$r = -2\sigma\cos\theta/p \tag{5-2}$$

式（5-2）中，一般有 $2\sigma\cos\theta = -750$（MPa·nm），则式（5-2）为：

$$r = 750/p \tag{5-3}$$

在压力 P 下，所对应的最小孔径 r 的意义是指：凡大于 r 的孔中都已压进了汞。如果压力从 p_1 增大到 p_2，分别测出孔径 r_1 和 r_2，同时记录两孔径之间压入的汞体积 ΔV，则在连续改变测孔压力时，就可以测出不同孔径中进入的汞体积，进而得到孔径的分布。因此压汞法所测得的孔径为从大到小。

5.3.2　压汞仪及试样制作

压汞试验采用的试验器材为来自于沈阳建筑大学材料工程试验室的型号为 9500 型的全自动压汞仪。该压汞仪由美国麦克仪器公司生产，采用低压测孔法，其最大压力值为 228MPa，可测量的孔径范围为 5～360000nm。

压汞仪测量孔结构的具体步骤为：首先对试样抽真空，然后注入汞，最后进行压力分析。压汞仪中的重要元件为膨胀计，膨胀计主要由毛细管和样品杯组成，样品杯的纵、横断面、压汞仪及膨胀计如图 5-4 所示。

压汞仪的主要工作原理为：汞为导电物质，因此毛细管内部的汞液与外部金属板可以形成同轴电容器。压汞仪注汞结束后，汞池不再向膨胀计中提供汞液，此时汞液充满整个膨胀计，样品杯与金属板相连形成电容器的金属板。膨胀计中的毛细玻璃管和汞液形成电容器的绝缘板。试验开始后，汞液被压力压入到试件的孔隙中，从而引起了毛细玻璃管中汞柱的高度发生变化，汞柱高度的变化改变了同轴电容器中的电量，电量的变化被压汞仪中的传感器采集，并将其转化为汞体积的变化量，通过测量汞体积的变化量可以定量地研究多孔材料的孔结构。

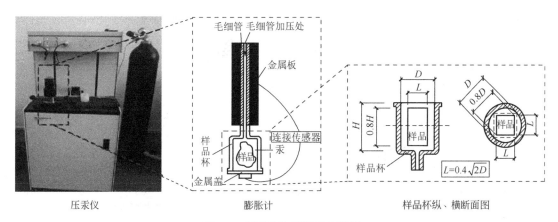

毛细管 毛细管加压处
金属板
连接传感器
汞
样品杯
金属盖
样品
$L=0.4\sqrt{2D}$

压汞仪　　　　　　　膨胀计　　　　　样品杯纵、横断面图

图 5-4　压汞仪和膨胀计示意图

压汞试样的制备对试验结果影响较大，由于混凝土细观结构的复杂性，因此不同取样位置之间的孔隙结构有很大的差异性，为了保证试验结果的准确性，试样制备时需要保证一定的试样数量。当样品数量为 3 时，误差可控制在±25%之内，可靠度为 95%。文献[51，108，181，182]中，同样采用 3 个样品数。综上，本书中选取 3 个试样对废弃纤维再生混凝土中的孔结构进行研究。

压汞试验有多种取样方法，如钻孔取样、打磨等制样、冲击破碎取样等。不同的取样方式同样会对试验结果造成影响。Rübner 研究了不同配合比下的混凝土，钻孔取样和冲击破碎取样两种取样方式对混凝土孔结构的影响，试验结果如图 5-5 所示。由试验结果可知，不同取样方式下混凝土中的孔径分布结果差异在 8%以内，因此在实际试验操作过程中，可以忽略不同取样方法对试验结果造成的差异。本试验采用对标准试件进行冲击破碎的取样方式。

本书中压汞试验试样的具体制作过程如下：首先取养护至 28d 龄期标准立方体试件进行强度试验；然后用尖铁锤在破碎的试件中心部位取尺寸约 5mm 的试样，3 个试样的尺寸尽可能保持一致，以减少废弃纤维再生混凝土细观结构的不均匀性带来的影响；最后，将试样置于广口瓶中用无水乙醇中止水化，测孔前将试样在 105℃的烘箱中烘干 24h，冷却至室温后放入干燥箱中备用。

5.4　废弃纤维再生混凝土的孔结构

掺入再生粗骨料和废弃纤维后，水泥石中不同孔径大小的孔隙会发生变化，与普通混凝土不同。一般来说，细小的凝胶孔不会影响水泥石的耐久性，而大孔和联通的毛细孔作为气态或液态介质的主要通道将对水泥石的耐久性产生强烈的影响。本节将根据 MIP 试验结果，详细的分析废弃纤维再生混凝土内部的孔径分布及孔结构特征。

5.4.1　废弃纤维再生混凝土孔的特征参数

压汞法测得的微分曲线可以表征孔径的分布。不同再生骨料取代率和废弃纤维掺入量的进汞微分曲线如图 5-6 所示。

由图 5-6 可以看出，孔径分布微分曲线为具有峰值的曲线，峰值处所对应的数据点为

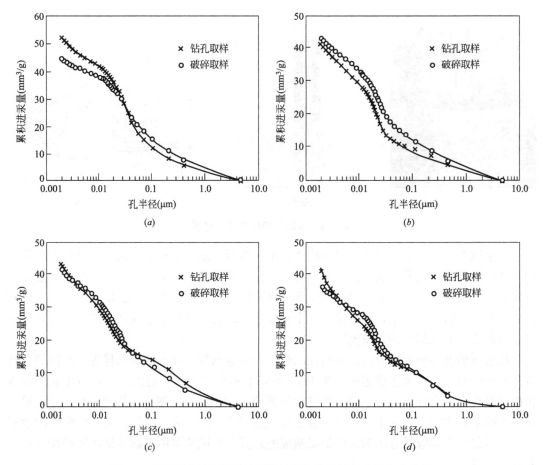

图 5-5 不同配合比下钻孔取样和冲压碎块取样的孔径分布曲线

（a）配合比 1（水灰比 0.51，细骨料：粗骨料＝1.8：3.9）；（b）配合比 2（水灰比 0.42，细骨料：粗骨料＝1.3：3.2）；
（c）配合比 3（水灰比 0.46，细骨料：粗骨料＝1.5：3.6）；（d）配合比 4（水灰比 0.38，细骨料：粗骨料＝1.1：2.7）

占总孔隙率比例较大的孔隙所对应的孔径，此类孔径称为最可几孔孔径。最可几孔径的物理意义有两个：一是，在水泥石中小于该孔径的孔均不能形成连通的孔道；二是，该孔径是整个孔结构中出现几率最大的孔径，各试件的最可几孔径列于图 5-7 中。NC 与 FC-0.08、RC50 的最可几孔径比较可知，废弃纤维的加入优化了混凝土的孔结构，而再生粗骨料的加入劣化了混凝土的孔结构，劣化的程度比优化的程度大。在再生混凝土中加入废弃纤维改善了再生粗骨料对混凝土的劣化程度，但纤维掺入量并非越多越好，试件 FRC50-0.16 的最可几孔径是 FRC50-0.12 的 1.2 倍。

根据压汞试验绘制不同再生骨料取代率和不同废弃纤维体积掺入量时试件的累积进汞量与孔径之间的关系曲线，如图 5-8 所示。

由图 5-8（a）可以看出，NC 和 FC-0.08 的累积进汞量曲线形态类似，总累积进汞量相近，曲线前段 NC 的累积进汞量曲线高于 FC-0.08，这说明 NC 中的大孔含量多于 FC-0.08，纤维的加入可以优化普通混凝土中的孔结构，将大孔细化。而加入再生骨料后，废弃纤维再生混凝土的累积进汞量明显增加，其中当再生骨料取代率为 100％时，累积进汞量较普通混凝土 NC 增加了 65.8％，这主要是由于再生粗骨料表面附着大量的老旧砂浆和

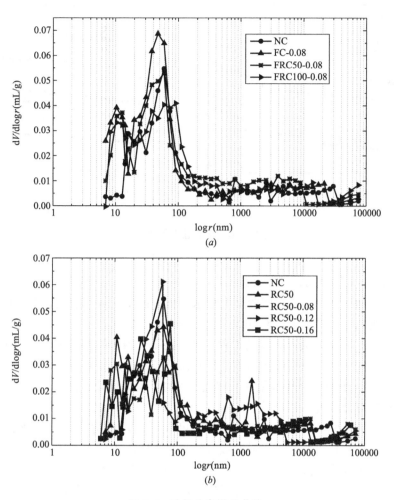

图 5-6　孔径分布微分曲线

（a）再生骨料取代率；（b）废弃纤维体积掺入量

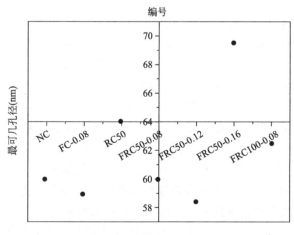

图 5-7　最可几孔径

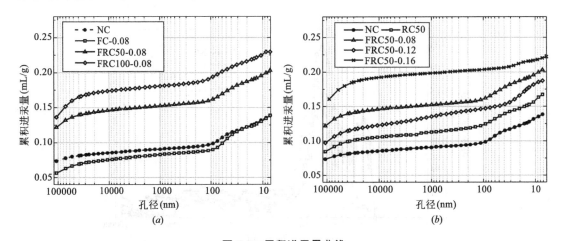

图 5-8　累积进汞量曲线

（a）不同再生骨料取代率；（b）废弃纤维体积掺入量

存在着初始裂纹，即使增加了附加用水量，再生骨料也不可能处于完全饱和状态下，因此，再生骨料的加入在一定程度吸收了有效水灰比中的水，虽然宏观力学性能上表现不明显，但是在细观角度上增加了废弃纤维再生混凝土内部的孔。

由图 5-8（b）可知，废弃纤维的加入对再生混凝土内部的孔结构具有一定的影响。废弃纤维体积掺入量为 0.16％的试件 FRC50-0.16，较不掺加废弃纤维的 RC50 总累积进汞量增加 32.9％。当废弃纤维掺入量在一定范围内时，可以优化孔结构，即：将大孔细化成小孔，同时填充部分小孔，该结论与文献［183］的结论一致，不同类型的纤维加入可以在一定程度上改善混凝土内的孔结构。由图可以看出，最优的废弃纤维体积掺入量为0.12％。当纤维体积掺入量过多时易在废弃纤维再生混凝土内部抱团形成空鼓，在制备过程中，纤维团内部存水，改变了水灰比，因此影响了废弃纤维再生混凝土的孔结构。

图 5-8 中，当孔径较大时，试件的累积进汞量较小，随着对汞加压的过程，到某一孔径时，累积进汞量开始显著增大，此孔径称为临界孔径或阈值孔径。临界孔径为累积进汞增量曲线上所对应的孔径为斜率突变点的切线和横坐标轴的交点。临界孔径的物理意义为：多孔材料是由不同尺寸的孔隙组成，而较大的孔隙之间由较小的孔隙连通，临界孔径则是将较大的孔隙连通起来的最大孔级。临界孔径反映了混凝土中孔隙的连通性和渗透率路径的曲折性，对混凝土的渗透性影响最为重要。各试件的临界孔径列于图 5-9 中。其中，再生混凝土 RC50 的临界孔径较 NC 增加 36.61％，FRC100-0.08 的临界孔径较 RC50减少了 36.62％，这说明再生骨料的掺入对混凝土的渗透性能影响较大，但是掺入废弃纤维可以通过优化孔结构而提高再生混凝土的渗透性。

废弃纤维再生混凝土其他孔隙特征参数：总孔面积、比表面积、平均孔径和总孔体积如图 5-10 所示。图中括号里的数值代表每个设计变量下三个试件的标准差，所有试件的偏差值在 15％以内，其标准差均满足压汞试验要求。这说明采用冲击破碎的方法进行MIP 试验取样是合理的，试验数据对分析废弃纤维再生混凝土的孔结构具有代表性。

比表面积为单位质量物料所具有的总面积，总孔面积和比表面积都是评价多孔材料吸附能力的指标，总孔面积和比表面积大，且活性大的多孔材料，吸附能力强，图 5-11 为各试件中总孔面积和比表面积的关系图。

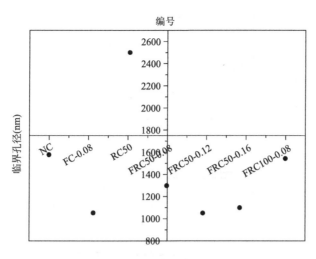

图 5-9 临界孔径

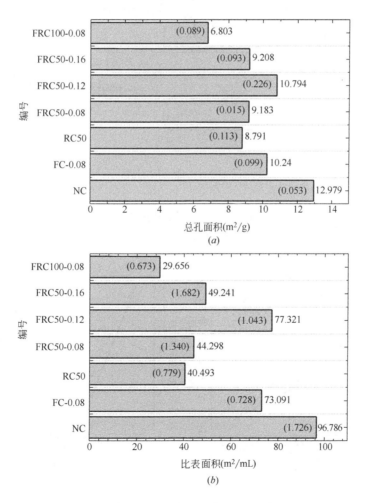

图 5-10 孔的特征参数 (一)

（a）总孔面积；（b）比表面积

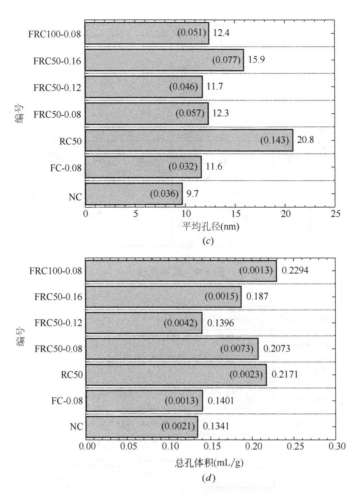

图 5-10　孔的特征参数（二）

（c）平均孔径；（d）总孔体积

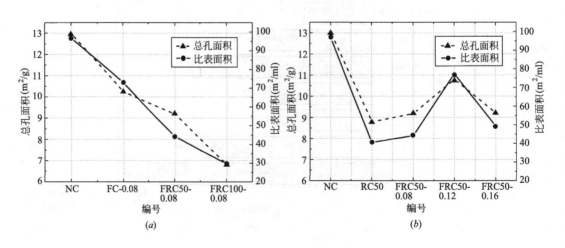

图 5-11　总孔面积与比表面积的关系

（a）再生骨料取代率；（b）废弃纤维体积掺入量

由图 5-10（a）、（b）和图 5-11（a）可知，普通混凝土 NC 的总孔面积和比表面积最大，随着再生骨料取代率的增加，总孔面积和比表面积呈线性减小。由图 5-10（a）、（b）和图 5-11（b）可知，随着废弃纤维体积掺量的增加，总孔面积和比表面积先增大后减小，FRC50-0.12 的总孔面积和比表面积较 FRC50-0.08 分别提高 14.9％和 42.7％，较 FRC50-0.16 分别提高 14.7％和 36.3％。由于加入废弃纤维后，硬化的水泥石不完全属于活性材料，因此无法直接评价其吸附能力，但是可以用来评价废弃纤维再生混凝土内的孔结构，总孔面积和比表面积越大，说明小孔含量越多。

总孔体积与平均孔径呈正比，总孔体积越大的试件平均孔径也越大，总孔体积与平均孔径之间的关系如图 5-12 所示。孔的特征参数中能够在一定程度上反映出孔径分布情况的参数为平均孔径。平均孔径表示孔径平均大小，当试件的孔隙率相同时，平均孔径值越小表示试件的孔结构中小孔占据的比例较大，反之则是大孔占据的比例较大。由图 5-10（c）和图 5-12（a）可知，随着再生骨料取代率的增加（FC-0.08、FRC50-0.08、FRC100-0.08），总孔体积的增长率分别为 32.41％和 9.6％，平均孔径的增长率分别为 5.6％和 0.8％，说明试件中大孔数量的增长率变小，但仍随着再生骨料取代率的增加而增加。由图 5-10（d）和图 5-12（b）可知，平均孔径与总孔体积呈正比例关系，再生混凝土 RC50 的总孔体积较 NC 增加了 38.2％，当在再生混凝土中掺入体积分数 0.12％的废弃纤维后 FRC50-0.12 的总孔体积较 NC 增加了 3.9％，这说明在再生混凝土中加入废弃纤维可以有效地改善再生混凝土的孔结构。

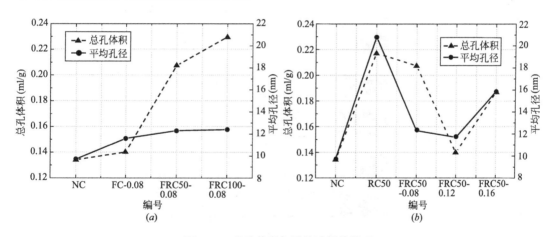

图 5-12 总孔体积与平均孔径的关系

（a）再生骨料取代率；（b）废弃纤维体积掺入量

通过对废弃纤维再生混凝土各孔的特征参数分析可知，单一的特征参数无法完整的描述孔结构的特征，但是可以用来快速的评价多孔介质的某一特性。如要对多孔介质的整体特性进行评价，还需要结合其他理论方法。

5.4.2 废弃纤维再生混凝土孔径分布

孔径分布是研究孔结构的另一重要指标，对孔径分布进行合理划分对研究成果具有重要意义。本章中废弃纤维再生混凝土的孔径分布参照 5.2.2 节中分析的结论，吴中伟院士提出的按照对混凝土的性能影响情况进行分类：无害级，孔径＜20nm；少害级，孔径为

20～50nm；有害级，孔径为 50～200nm；多害级：孔径＞200nm。Mehta 根据试验结果总结出，当孔径＜100nm 时，孔对混凝土的强度和抗渗性影响很小。因此本文分类为：无害孔，孔径＜20nm；少害孔，孔径为 20～100nm；有害孔，孔径为 100～200nm；多害孔，孔径＞200nm。根据压汞试验数据，孔径分布如图 5-13 所示。

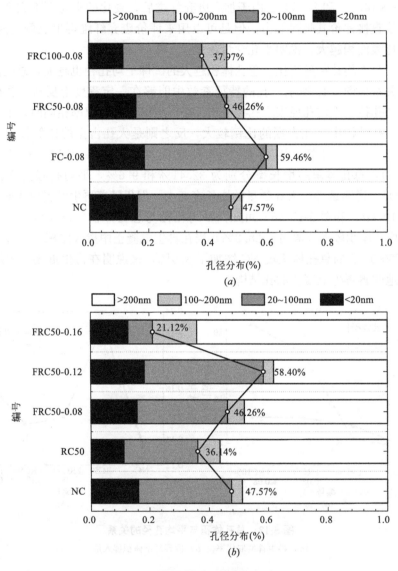

图 5-13 孔径分布

（a）再生骨料取代率；（b）废弃纤维体积掺入量

由图 5-13 可知，各试件中小于 20nm 的无害孔孔径分布相差不大，再生骨料和废弃纤维的加入主要改变了试件中大于 200nm 的多害孔和 20～100nm 的少害孔。由图 5-13（a）可知，在普通混凝土 NC 中加入废弃纤维（FC-0.08）可以将多害孔细化为少害孔，NC 中对渗透性能和强度性能影响较小的小于 100nm 的孔径分布占 47.57％，FC-0.08 占 59.46％比 NC 提高了 1.25 倍。随着再生骨料的加入，试件中的多害孔和有害孔逐渐增加，主要原因为再生骨料存在初始损伤并附着老旧砂浆，水泥颗粒的水化程度减小，水泥石中的孔径尺寸向着增大的方向变化，从而使多害孔和有害孔形成的几率增加，随着时间的增长，该影响因素逐渐减小。由图 5-13（b）可知，在再生混凝土中加入废弃纤维，可以有效地改善孔径分布情况，小于 100nm 的少害孔和无害孔 FRC50-0.12 占 58.40%，FRC50-0.08 占 45.62%，分别是 RC50 的 1.62 倍和 1.28 倍，并且 FRC50-0.12 中的少害孔和无害孔分布比普通混凝土 NC 增加了 15.84%。这说明废弃纤维的加入可以有效地阻止有害孔的形成，将试件中的有害孔进行细化，此结论与第 3 章中 SEM 电镜的结论相同。但是废弃纤维的掺入量过高时 FRC50-0.16 中的少害孔和无害孔仅占 21.12%，相比于 FRC50-0.12 降低了 63.8%，说明纤维掺入量过多，会形成纤维团不利于试件的性能，文献［183］同样得到了该结论。

5.5　废弃纤维再生混凝土孔结构的分形特征

根据第 4 章的研究内容，分形理论可以将水泥基材料内部孔隙的复杂度量化为分形维数，这为研究水泥基材料的孔隙结构与宏观物理性能间的复杂关系提供了新的思路，不仅可以避免统计学孔结构分析的局部性，从整体掌握废弃纤维再生混凝土的孔结构，还可以实现多尺度研究。

5.5.1　废弃纤维再生混凝土孔体积分形特征

孔体积分形维数用来评价孔隙表面粗糙程度以及孔体积的空间分布等分形特征，分形维数越大，则孔隙表面越粗糙，孔结构越复杂，孔分布越不规则、越不均匀。分形维数 D_v 通过压汞法测得的孔隙体积与孔径变化关系进行计算，根据分形理论有 $\log(dv/dr) \sim (2-D_v)\log(dr)$，将 dv/dr 和 dr 分别取对数后绘制曲线，近似成一条直线，求其斜率可计算出体积分形维数 D_v，具体计算方法按照式（4-18）进行。各试件 $\log(dv/dr) \sim \log(dr)$ 的关系及孔体积分形维数 D_v 如图 5-14 所示。

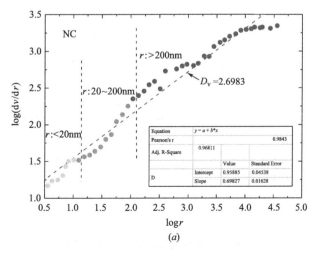

图 5-14　$\log r$-$\log(dv/dr)$ 曲线（一）

（a）NC

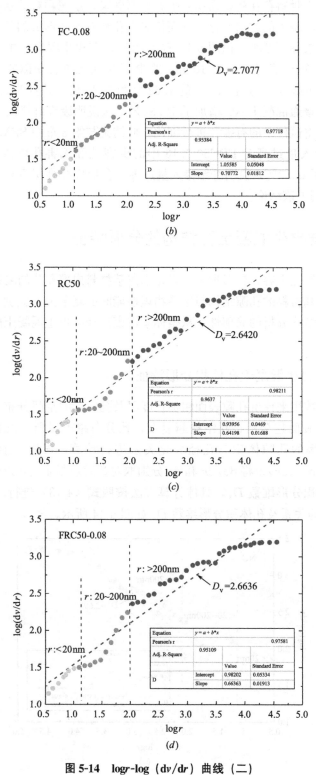

图 5-14　log$r$-log（dv/dr）曲线（二）

（b）FC-0.08；（c）RC50；（d）FRC50-0.08

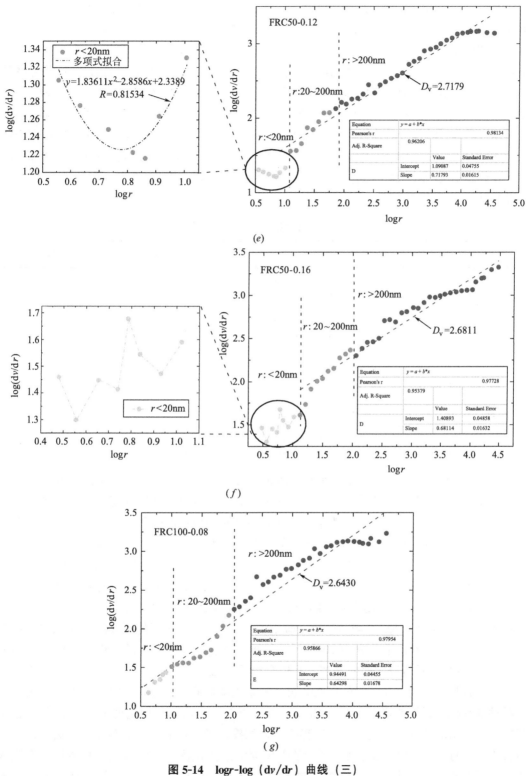

图 5-14 log*r*-log（d*v*/d*r*）曲线（三）

（*e*）FRC50-0.12；（*f*）FRC50-0.16；（*g*）FRC100-0.08

由图 5-14 可以看出，各试件均具有明显的分形特征。其中试件 NC、FC-0.08、RC50、FRC50-0.08、FRC100-0.08 在全孔径范围内 $\log(dv/dr)$ 与 $\log(dr)$ 呈线性关系，而试件 FRC50-0.12 和 FRC50-0.16 在 $r<20$nm 的孔径范围内线性关系不明显，其原因主要有两个：一是，试验仪器精度的影响，由于压力的累积，在加压后期容易在某一孔压下产生孔壁破坏，发生进汞量突变的情况；二是，加入废弃纤维后，每组三个样品的不均匀性增加，再加上试验仪器精度的影响，因此对三个数据的均值影响较大。根据 5.4 节的分析，$r<20$nm 为无害孔且占总孔径的百分比较少，因此试件 FRC50-0.12 和 FRC50-0.16 取 $r\geqslant20$nm 的孔径范围进行 $\log(dv/dr)$ 与 $\log(dr)$ 的线性拟合，计算孔体积分形维数 D_v。$\log r - \log(dv/dr)$ 的线性拟合公式和孔体积分形维数列于表 5-1 中。

分形维数拟合公式及 R 值 表 5-1

编号	拟合公式	R 值	分形维数 D_v
NC	$y=0.6983x+0.9589$	0.9843	2.6983
FC-0.08	$y=0.7077x+1.0559$	0.9772	2.7077
RC50	$y=0.6420x+0.9396$	0.9821	2.6420
FRC50-0.08	$y=0.6636x+0.9820$	0.9758	2.6636
FRC50-0.12	$y=0.7179x+1.0909$	0.9813	2.7179
FRC50-0.16	$y=0.6811x+1.4089$	0.9773	2.6811
FRC100-0.08	$y=0.6430x+0.9449$	0.9795	2.6430

由表 5-1 可知不同设计变量的废弃纤维再生混凝土的分形维数，从拓扑学和分形理论概念出发，分形维数 D_v 实质是一个表征材料孔空间分布形态复杂程度的参量，复杂的孔模型表面积无限大，而占有的三维空间有限，也就是该模型的体积为零，所围孔洞的表面积趋于无穷大，因此分形维数在 2～3 之间，分形维数越接近于 2，孔隙结构越均匀，反之，分形维数越接近于 3，孔隙结构越复杂。规则几何表面的维数为整数 2，而废弃纤维再生混凝土的孔隙体积分形维数大于 2.5，这说明废弃纤维再生混凝土孔隙的分布形态是不规则而且复杂无序的，采用分形维数可定量表示孔隙结构的复杂程度。

图 5-15（a）中，RC50 与 NC 相比减小了 2.4%，且在相同的废弃纤维体积掺入量的情况下，当再生骨料的取代率为 100% 时，较再生骨料取代率为 0 的试件 FC-0.08 减小了 2.4%，随着再生骨料取代率的增加，孔体积分形维数呈线性减小，因此可知再生骨料加入使孔结构趋于均匀，孔结构的空间分布及复杂程度降低，密实程度降低，宏观上表现为力学性能和抗渗透性能降低。图 5-15（b）中，FC-0.08 与 NC 相比增加了 0.34%，且在相同再生骨料取代率的情况下，当废弃纤维体积掺入量为 0.12% 时，较不掺加废弃纤维的试件 RC50 的分形维数增加了 2.8%，随着废弃纤维体积掺入量的增加，孔体积分形维数先增加后减小，这说明当废弃纤维的掺入量在合理范围内时，可以增加孔结构的复杂程度，与 5.4 节的结论相同，存在最优纤维体积掺入量 0.12%。

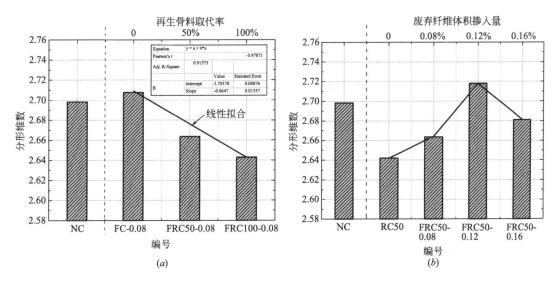

图 5-15 孔体积分形维数

（a）再生骨料取代率；（b）废弃纤维体积掺入量

5.5.2 废弃纤维再生混凝土孔曲折度分形特征

孔曲折度分形维数用来评价混凝土中孔轴线曲折程度的分形特征，与混凝土的渗透性能联系紧密。孔曲折度分形维数 D_t 的计算方法与孔体积分形维数 D_v 的计算过程相似，根据第 4 章孔的曲折度分形模型，以 Von Koch 曲线模型建立 $\log(d^2v/dr^2) \sim (1-D_t)$ $\log(dr)$ 的关系，计算方法按照式（4-30）进行。各试件的孔曲折度分形维数列于图 5-16 中。

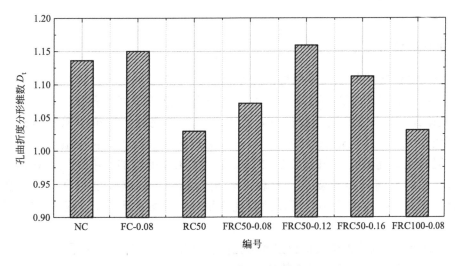

图 5-16 孔曲折度分形维数

由图 5-16 可知，废弃纤维再生混凝土的孔曲折度分形维数在 1～2 之间，二维平面内的分形曲线，其周长无穷，但面积有限，当孔轴为直线时的维数为 1，孔曲折度分形维数 D_t 越接近 2，说明孔轴曲线的曲折度越高，离子在混凝土基体中通过的实际路径越长，阻碍越大，宏观上表现为离子侵蚀深度短，混凝土的耐久性能较好。

孔体积分形维数与孔曲折度分形维数的关系如图 5-17 所示，孔曲折度分形维数随着孔体积分形维数的增大而增大，两者呈线性关系，相关性系数 $R = 0.9943$。随着再生骨料取代率的增加，D_t 减小。废弃纤维在合理的体积掺入量范围内时，D_t 随着体积掺入量的增大而增大，但是当纤维体积掺量过多时，增加了杂乱分布的纤维之间的交织程度，使孔的连通程度增加，因而降低了孔曲折度分形维数。

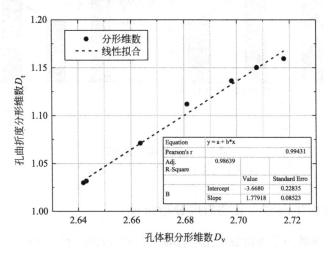

图 5-17 D_v 与 D_t 的关系

两类分形维数分别从不同的角度描述废弃纤维再生混凝土的孔结构，得到相同的结论。因此，采用分形理论研究废弃纤维再生混凝土的孔结构是可行的，且可以避免采用统计学角度分析孔结构时，单一孔的特征参数无法完整的描述孔结构特征的劣势，使孔结构的描述方式更加简便。

5.5.3 分形维数与强度的关系

孔的分布是影响混凝土力学强度的一个因素，而分形维数可以整体的描述混凝土的孔结构。废弃纤维再生混凝土的孔体积分形维数与抗压强度和劈裂抗拉强度的关系如图 5-18 所示。在不同的设计变量下，废弃纤维再生混凝土的抗压强度与孔体积分形维数呈线性关系，相关性系数为 0.935。无论是普通混凝土、再生混凝土还是废弃纤维再生混凝土，随着孔体积分形维数的增加，抗压强度增加。细观上，孔体积分形维数越大，孔的空间分布越复杂，宏观上表现为混凝土的密实度越高，抗压强度越高。反之，用抗压强度的大小，可以预测孔体积分形维数的大小，并且可以不用考虑各设计变量的影响。

废弃纤维再生混凝土的劈裂抗拉强度与孔体积分形维数也呈线性关系，相关性系数为 0.746。总体上，随着孔体积分形维数的增加，劈裂抗拉强度增加，其线性相关性不高的原因主要是由于点 NC 的劈裂抗拉强度（图 5-18），根据第 2 章的分析，加入废弃纤维可以大幅度提高普通混凝土和再生混凝土的劈裂抗拉强度，而再生骨料取代率对劈裂抗拉强度的影响程度低于废弃纤维体积掺入量。

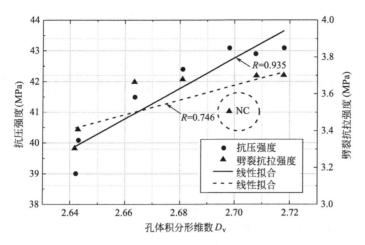

图 5-18 D_v 与强度的关系

5.6 本章小结

废弃纤维再生混凝土内部孔径分布范围较广，对于细观层次孔隙内部的定量描述也显得极为重要。本章主要采用 MIP 试验获得的孔径分布和孔特征参数等试验数据，结合第 4 章中的孔结构分形模型分析再生骨料和废弃纤维的掺入对孔结构的影响情况。研究成果如下：

（1）废弃纤维再生混凝土的孔径按照影响耐久性能的程度进行分类：多害孔（＞200nm）、有害孔（100nm～200nm）、少害孔（20nm～100nm）、无害孔（＜20nm）。再生粗骨料和废弃纤维的加入主要改变了多害孔和有害孔的比例，对少害孔和无害孔分布影响较小。孔的特征参数可以单一的用来描述废弃纤维再生混凝土的某一方面性能。

（2）各试件的孔结构具有明显的分形特征，与分形模型的拟合相关性系数均在 0.97 以上，孔体积分形维数在 2～3 之间，随着再生骨料取代率的增加孔体积分形维数降低，细观上表现为孔结构复杂程度的降低，宏观上表现为密实度和抗压强度的降低。孔曲折度分形维数在 1～2 之间，与孔体积分形维数呈良好的线性关系。

（3）废弃纤维再生混凝土的抗压强度与孔体积分形维数呈线性关系，相关性系数为0.935。劈裂抗拉强度随着孔体积分形维数的增加而增大。

6 废弃纤维再生混凝土抗氯离子侵蚀性能

6.1 引言

我国地域辽阔，自然环境要素复杂，较多混凝土建（构）筑物、道路、桥梁等处于氯盐环境中。它们长期受到氯离子侵蚀致使混凝土内的钢筋锈蚀严重，导致这些基础建设还未达到设计寿命就已退出使用。除了海洋环境外，我国还有广泛的盐湖和盐碱地，它们主要以含氯离子为主，有的地区甚至含有硫酸、混合盐等强腐蚀条件，其腐蚀条件更为严苛。

随着经济的发展，人工氯盐环境也在影响着混凝土建筑物的使用寿命。我国工业环境日趋复杂，其中以氯离子、氯气和氯化氢等为主的腐蚀环境不在少数，处于此类工业环境中的混凝土结构破坏往往十分迅速并且严重。我国北方地区到了冬季，为了达到化雪防冰、保证交通畅行的目的会在路面撒除冰盐，因此路面存在大量的氯离子，这就造成了氯离子环境腐蚀破坏。

氯离子侵蚀是造成钢筋锈蚀的主要原因，而当今世界混凝土破坏原因中，钢筋锈蚀是排在首位的。因此对于废弃纤维再生混凝土抗氯离子侵蚀性能进行研究是十分必要的。本章主要揭示了在不同氯离子侵蚀模式下，再生骨料取代率、废弃纤维体积掺量、时间等因素对废弃纤维再生混凝土抗氯离子侵蚀能力的影响，剖析了不同设计因素的影响机理。

6.2 自然界中氯离子的侵蚀模式

根据不同的自然环境条件，在试验室内模拟的氯离子侵蚀方式主要有两种：一种为长期浸泡模式，混凝土一直处于含氯盐的介质中，处于饱和状态；另一种为干湿交替浸泡模式，混凝土处于饱和状态和非饱和状态交替循环中。

长期处于海洋环境中的水下区域的混凝土中氯离子的侵蚀方式在试验室中模拟为完全浸泡模式，如海洋结构中的桥墩、海洋平台的基础等。混凝土一直处于饱和状态，在海水水头压力的作用下，氯离子可侵入混凝土。氯离子在混凝土内部迁移的主要动力为浓度差，在侵入过程中混凝土内部的氯离子浓度始终小于混凝土表面的氯离子溶度，在浓度差的作用下，氯离子将以扩散的形式不断地侵入到混凝土内部。在长期浸泡模式中，决定氯离子渗透深度的主要因素为：混凝土内部的孔结构及内部氯盐的浓度。

处于海洋浪溅区和冬季撒了除冰盐的路面的氯离子侵蚀方式在试验室中模拟为干湿交替模式，如图 6-1 所示。在海洋浪溅区，当混凝土处于湿润状态时，氯离子在混凝土的扩散方式与长期浸泡相同，在浓度差的作用下，以扩散的形式侵入混凝土内部。当混凝土处于干燥状态，表面进行风干后，氯离子的侵蚀主要靠接触海水的混凝土对流作用和毛细吸收作用。风干程度越高，则毛细管吸收作用就越大。路面除冰盐的环境与海洋浪溅区环境相似，在干湿交替作用下，氯离子被带入混凝土中的主要机理同为混凝土的毛细管吸收作用，根据混凝土中含水量的不同，氯离子的侵蚀深度有所不同。

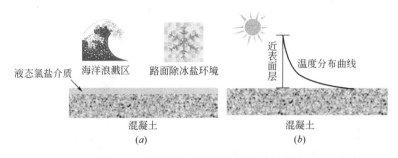

图 6-1　自然界中的干湿交替模式示意图
（*a*）湿润状态；（*b*）干燥状态

6.3　氯离子侵蚀试验概况

6.3.1　试验设计

氯离子侵蚀试验所采用的试件原材料、分组及试块制作过程与第 2 章相同，试件编号分别为 NC、FC-0.08、RC50、FRC50-0.08、FRC50-0.12、FRC50-0.16、FRC100-0.08，采用 100mm×100mm×100mm 的试块，24h 后拆模，放入标准养护室中养护 28d。每个编号取 3 个试件进行试验。侵蚀方式为长期浸泡和干湿交替两种模式，考察设计变量为再生骨料取代率、废弃纤维体积掺量、随深度变化的氯离子浓度以及侵蚀时间，用于检测氯离子含量的硬化混凝土试件为 3 个为一组。具体试验设计方法列于表 6-1 中。

氯离子侵蚀试验设计　　　　　　　　　　　　　　　　表 6-1

侵蚀模式	氯离子类型	时间(d)	循环次数(次)	规范
长期浸泡	自由氯离子 总氯离子	30、60、90	—	JGJ/T 322—2013 附录 C JGJ/T 322—2013 附录 D
干湿交替	自由氯离子 总氯离子	30、60、90	6、12、18	JGJ/T 322—2013 附录 C JGJ/T 322—2013 附录 D

长期浸泡氯离子浸泡方法：将试件浸泡在 0.6mol/L 的 NaCl 溶液中，浸泡时间分别为 30d、60d、90d，浸泡期间每 10d 更换一次 NaCl 溶液。干湿交替模式下氯离子浸泡方法：首先定义试验室内每个干湿交替周期内试件失水量和吸水量相同为平衡状态，将养护好的试件在氯盐溶液中浸泡至饱和后放置在试验室内自然晾干至试件质量不再变化，确定干燥失水时间为 3d，再将试件放置在氯盐溶液中至试件质量保持恒定，确定浸泡吸水时间为 2d，最后采用浸泡 2d 晾干 3d 的干湿交替制度。每 6 个循环为一个测试周期，浸泡时间分别为 6 个循环（30d）、12 个循环（60d）、18 个循环（90d）。

氯离子浓度监测前，须将混凝土试块分层磨成混凝土粉末。混凝土粉末的制备方法为：混凝土试块浸泡前将混凝土五个面用环氧树脂封闭，保证混凝土为一维侵蚀，浸泡达到预定时间后，取出试件，除去环氧树脂。然后将非封闭面在混凝土打磨机上逐层磨粉，每2mm取一个试样，每个试件取样方法如图6-2所示，每个试样均要通过0.63mm的筛，然后置于105±5℃烘箱中2h，取出后放入干燥箱中冷却至室温备用。每个编号制作3个试件，每个试件各取25层砂浆试样进行氯离子含量试验，三个砂浆试样的平均值作为该编号在该层的氯离子含量试验值。

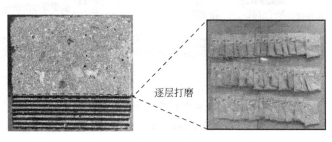

图6-2　混凝土粉末的制备

6.3.2　试验原理及方法

（1）自由氯离子的测试方法及原理

自由氯离子含量按照《混凝土中氯离子含量检测技术规程》（JGJ/T 322—2013）附录C进行检测。试验用的试剂为：浓度约为5%铬酸钾指示剂、浓度约为0.5%的酚酞溶液、物质量溶液浓度0.02mol/L的硝酸银标准溶液。

取滤液：取20g（精确至0.01g）磨细的砂浆粉末置于三角烧瓶中，加入200mL蒸馏水，塞紧瓶塞，剧烈震荡1～2min，静置24h后，以快速定量的滤纸过滤，获得滤液。

滴定：用移液管分别吸取两份滤液20mL，置于两个三角烧瓶中，各滴加酚酞指示剂，再用硝酸溶液中和至刚好无色。滴定前应分别向两份滤液中加入10滴铬酸钾指示剂，然后用硝酸银标准溶液滴定至桃红色，且颜色不消失，终点的颜色判定必须保持一致。分别记录各自消耗的硝酸银标准溶液体积，取两者的平均值（V_3）作为测定结果。

滴定终点的颜色是判定氯离子浓度的重要标准。在规范[185]、文献[86]、[124]中规定，滴定终点的颜色为砖红色，而本文采用规范[186]中将其改为桃红色。其主要原因为，根据试验经验，当溶液滴定至呈砖红色时硝酸银溶液已过量，计算结果超过真实值，而以略带桃红色的黄色不消失作为滴定终点的判定颜色则与真实值较为接近，误差较小。规范中[186]按照两种不同的终点颜色进行了精确配置的已知浓度的氯化钠标准溶液进行验证，试验结果如图6-3所示。由图6-3可知，与真实浓度相比，两种判定颜色所得结果均表现为正偏差，选定带桃红色的黄色作为滴定的终点更接近真实值。

自由氯离子含量按照式（6-1）进行计算：

$$C_W = \frac{C_{AgNO_3} \times V_3 \times 0.03545}{G \times \dfrac{V_2}{V_1}} \times 100\% \tag{6-1}$$

式中，C_W为样品砂浆中自由氯离子含量（%），精确至0.001%；C_{AgNO_3}为硝酸银标准溶液浓度（mol/L）；G为砂浆样品质量（g）；V_1为浸样品的水量（mL）；V_2为滤液量

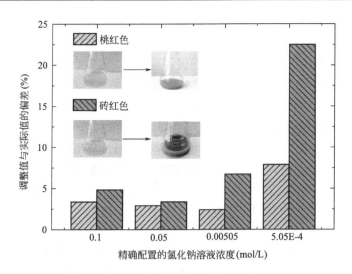

图 6-3 不同浓度 Na（OH）$_2$ 溶液的试验结果

（mL）；V_3 为滴定时消耗的硝酸银标准溶液的用量（mL）。

（2）总氯离子的检测方法及原理

总氯离子含量按照《混凝土中氯离子含量检测技术规程》（JGJ/T 322—2013）附录 D 进行检测。试验用的试剂为：纯硝酸与蒸馏水体积比为 1∶7 配置的硝酸溶液、物质量浓度为 0.01mol/L 的硝酸银溶液、浓度为 10g/L 的淀粉溶液。

取滤液：取 20g 磨细的砂浆粉末，精确至 0.01g，在三角烧瓶中加入 100mL 的硝酸溶液，剧烈振摇 1～2min，浸泡 24h 后，以快速定量滤纸过滤，获取滤液。

滴定：取滤液 20mL 于三角烧杯中，加入 100mL 蒸馏水，再加入 20mL 淀粉溶液，放入电磁搅拌器中，烧杯置于电磁搅拌器上，插入指示电极和参比电极，电位滴定仪如图 6-4 所示。缓慢滴加硝酸银标准溶液，电势变化快时开始更缓慢滴加（每次滴加 0.1mL），直到电势突变（记录每次滴加后电势数值，差值最大即为突变），突变后继续滴加直至变化平缓，记录当量点时硝酸银标准溶液消耗的体积 V_{11}。

空白试验：在干净的烧瓶中加入 100mL 蒸馏水和 20mL 硝酸溶液，再加入 20mL 淀粉溶液，在电磁搅拌下，缓慢地加入硝酸银溶液，同时记录电势和对应的硝酸银溶液的用量，记录当量点时硝酸银标准溶液消耗的体积 V_{12}。

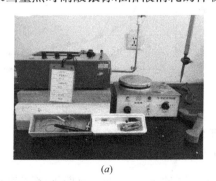

（a）

（b）

图 6-4 电位滴定仪

（a）电磁搅拌器；（b）电位滴定仪操作盘

按式（6-2）计算砂浆样品中总氯离子含量：

$$C_A = \frac{C_{AgNO_3} \times (V_{11} - V_{12}) \times 0.03545}{G \times \dfrac{V_2}{V_1}} \times 100\%$$ (6-2)

式中，C_A 为样品砂浆中总氯离子含量（%），精确至 0.001%；C_{AgNO_3} 为硝酸银标准溶液浓度（mol/L）；G 为砂浆样品质量（g）；V_1 为浸样品的硝酸溶液用量（mL）；V_2 为电位滴定时提取的滤液量（mL）；V_{11} 为 20mL 滤液达到等当量点所消耗硝酸银标准溶液的体积（mL）；V_{12} 为空白试验达到当量点所消耗硝酸银标准溶液的体积（mL）。

6.4 长期浸泡试验结果及分析

在长期浸泡过程中，自由氯离子通过浓度差扩散到达混凝土内部，在混凝土结构中这类氯离子是引起钢筋锈蚀、结构劣化、设计使用年限不足等问题的主要原因，因此也被称为有效氯离子。总氯离子不仅包括可溶于水的自由氯离子，还包括在浸泡过程中与混凝土基体发生化学反应、吸附等形式存在的氯离子。因此，对混凝土中的氯离子进行研究就显得尤为重要。

本部分主要分析废弃纤维体积掺量、再生骨料取代率、浸泡时间对自由氯离子、总氯离子的含量的影响，并研究了自由氯离子和总氯离子的关系，从理论角度深入的剖析了氯离子的结合能力及计算方法。

6.4.1 再生骨料取代率对氯离子含量影响

图 6-5～图 6-7 为各试件在浸泡 30d、60d、90d 后自由氯离子与总氯离子含量随着侵蚀深度的变化曲线。主要分析再生骨料取代率对氯离子含量的影响。

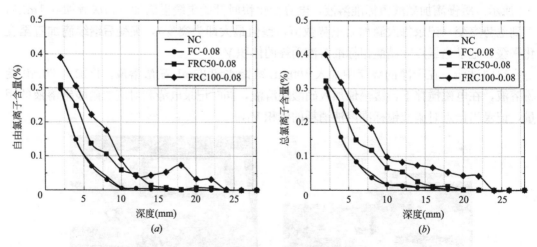

图 6-5 再生骨料取代率对氯离子含量的影响——浸泡时间 30d

（a）自由氯离子含量；（b）总氯离子含量

由图 6-5～图 6-7 可以看出，所有曲线均有相同的下降趋势，前期下降速率较快，后期趋于缓慢。当长期浸泡时间为 30d 时，在 0～10mm 之间曲线下降速率较快，10mm 之

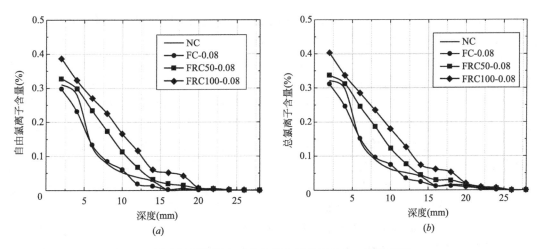

图 6-6 再生骨料取代率对氯离子含量的影响——浸泡时间 60d

（*a*）自由氯离子含量；（*b*）总氯离子含量

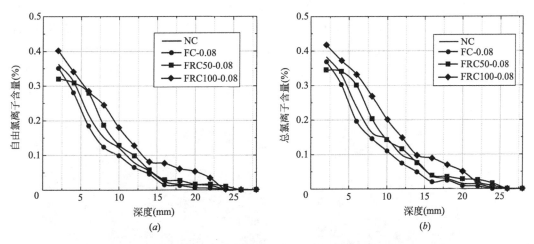

图 6-7 再生骨料取代率对氯离子含量的影响——浸泡时间 90d

（*a*）自由氯离子含量；（*b*）总氯离子含量

后下降趋于平缓，浸泡时间为 60d、90d 时，在 0～15mm 之间曲线下降较快，侵蚀深度大于 15mm 后，下降趋于平稳。各试件中氯离子含量（自由氯离子含量和总氯离子含量）随着侵蚀深度的增加而减小。同时，由图 6-5～图 6-7 可知，再生骨料取代率对各试件中自由氯离子和总氯离子的影响规律相同，在此主要分析再生骨料取代率对自由氯离子的影响情况。

由图 6-5（*a*）、（*b*）可知，当侵蚀时间为 30d 时，NC 和 FC-0.08 两条曲线基本重合，当侵蚀深度为 10mm 时，FRC50-0.08 较 FC-0.08 中的自由氯离子含量增加了 91.21%，FRC100-0.08 较 FC-0.08 增加了 94.16%。随着侵蚀时间的增加，再生骨料取代率对自由氯离子含量的影响情况基本相同 [图 6-6（*a*）、（*b*）]，侵蚀深度为 10mm 时，FRC50-0.08、FRC100-0.08 分别较 FC-0.08 增加了 46.44% 和 63.25%。当侵蚀时间为 90d 时 [图 6-7（*a*）、（*b*）]，在侵蚀深度为 10mm 处，自由氯离子含量 FRC50-0.08 较 FC-0.08

增加了 24.32％，FRC100-0.08 较 FC-0.08 增加了 83.24％。由此可知，随着再生骨料取代率的增加，在相同侵蚀深度下，自由氯离子的含量增加。

再生骨料对自由氯离子的含量产生影响的原因主要有三个。一是，再生混凝土的多重 ITZ，随着再生骨料取代的增加，试件中的 ITZ 数量增加，由图 6-8 和第 3 章中的 SEM 电子扫描电镜结果可知，ITZ 处存在贯穿的微裂缝，且具有高 Ca/Si 的水化产物和高孔隙率的特点，它不仅是混凝土中的薄弱环节而且增加了氯离子侵入的通道数量，因此劣化了再生混凝土的抗氯离子侵蚀的能力，Yeau 和 Zaharieva 得到了相同的结论。二是，再生骨料表面附着老旧砂浆，老旧砂浆的孔隙率较普通砂浆高，并且提高了氯离子的结合能力，由图 6-5～图 6-7 可以看出含有再生骨料的试件曲线较普通混凝土和纤维混凝土曲折，这是由于在不同侵蚀深度含有的老旧砂浆数量不同所造成的，文献［188］采用试验和模拟等手段，研究发现随着砂浆数量的增加，氯离子扩散速度增加，与新砂浆相比，老旧砂浆的数量对再生混凝的抗氯离子侵蚀的性能影响更加显著，当侵蚀深度相同时，老旧砂浆处的氯离子含量比天然骨料处大。Vázquez 在前人的基础上，采用实测的手段研究了海洋环境中再生混凝土抗氯离子侵蚀性能，研究发现再生骨料表面附着的老旧砂浆提高了氯离子的结合能力。三是，再生混凝土有更高的孔隙率，由第 5 章的研究成果可知，随着再生骨料取代率的增加再生混凝土中孔隙率增加，文献［190］采用与本文不同的"可蒸发含水量法"测量了再生混凝土的孔隙率，采用与本文相同的方法测量了混凝土中的氯离子含量，得到了氯离子含量随着再生混凝土孔隙率的增加而增加的结论。这主要是由于，一些连通，或者较大的孔成为再生混凝土中自由氯离子的新通道，提高了氯离子的扩散作用。

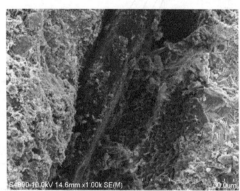

图 6-8　界面及骨料表面的氯盐形态

6.4.2　废弃纤维体积掺入量对氯离子含量影响

学者们通过试验研究了不同类型的纤维对混凝土的抗氯离子侵蚀性能进行了研究，其中，聚丙烯纤维、钢纤维、玻璃纤维和玄武岩纤维的掺入均会对混凝土的抗氯离子侵蚀性能产生影响。无论使用何种类型的纤维，在合理的掺入量范围内，随着纤维掺入量的增加，纤维混凝土的抗氯离子侵蚀性能提高。其中，聚丙烯纤维和玄武岩纤维对混凝土的改善更加显著，钢纤维的改善能力较弱，这主要是由于前两类纤维与混凝土的粘结性能更好。

废弃纤维虽化学成分为聚丙烯，但由于直径、长度和弯曲程度均与工业制造的聚丙烯纤维均不相同，因此，还要对其进行深入的研究。图 6-9～图 6-11 为各试件在浸泡 30d、60d、90d 后，自由氯离子与总氯离子含量随着侵蚀深度的变化曲线。主要分析废弃纤维的体积掺入量对氯离子含量的影响情况。

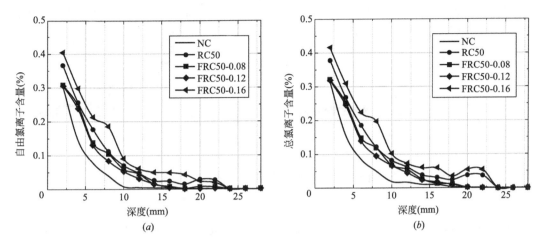

图 6-9　废弃纤维体积掺入量对氯离子含量的影响——浸泡时间 30d

（a）自由氯离子含量；（b）总氯离子含量

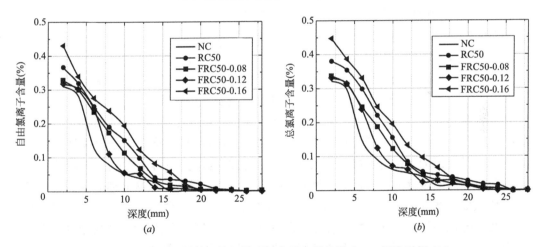

图 6-10　废弃纤维体积掺入量对氯离子含量的影响——浸泡时间 60d

（a）自由氯离子含量；（b）总氯离子含量

由图 6-9～图 6-11 可以看出，所有曲线均有相同的下降趋势，前期下降速率较快，后期趋于缓慢。与再生骨料取代率的影响趋势相同，各试件中氯离子（自由氯离子和总氯离子）含量随着侵蚀深度的增加而减小，当长期浸泡时间为 30d 时，在 0～10mm 之间曲线下降速率较快，10mm 之后下降趋于平缓，浸泡时间为 60d、90d 时，在 0～15mm 之间曲线下降较快，侵蚀深度大于 15mm 后，下降趋于平稳。废弃纤维体积掺入量对各试件中自由氯离子和总氯离子的影响规律相同，因此，选择自由氯离子含量为代表，分析废弃纤维体积掺入量对其影响情况。

由图 6-9（a）、（b）可知，当侵蚀时间为 30d 时，当侵蚀深度为 10mm 时，FRC50-0.08 较 RC50 中的自由氯离子含量降低了 15.89%，FRC50-0.12 较 RC50 降低 25.95%，

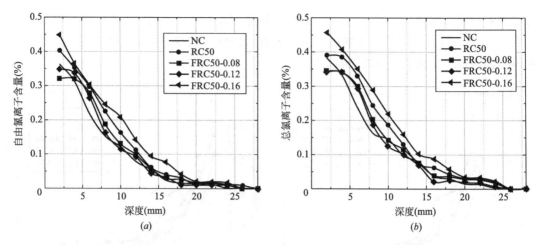

图 6-11 废弃纤维体积掺入量对氯离子含量的影响——浸泡时间 90d

(a) 自由氯离子含量；(b) 总氯离子含量

而 FRC50-0.16 却增加了 29.17％。当侵蚀时间为 60d 时 [图 6-10 (a)、(b)]，侵蚀深度为 10mm 时，FRC50-0.08、FRC50-0.12 分别较 RC50 降低了 24.9％和 64.03％，FRC50-0.16 较 RC50 增加了 28.28％。图 6-11 (a)、(b) 中，当侵蚀时间为 90d 时，在侵蚀深度为 10mm 处，自由氯离子含量 FRC50-0.08 较 RC50 降低了 20.22％，FRC50-0.12 较 RC50 降低了 29.77％，而 FRC50-0.16 较 RC50 增加了 28.46％。综上可知，在相同的侵蚀深度下，当废弃纤维体积掺入量小于 0.12％时，随着废弃纤维体积掺入量的增加自由氯离子含量减小，混凝土抵抗氯离子侵蚀的性能变好；当废弃纤维体积掺入量由 0.12％增加到 0.16％时，自由氯离子含量增加，废弃纤维再生混凝土的最优体积掺入量为 0.12％。

废弃纤维体积掺入量对混凝土中自由氯离子含量的影响程度小于再生骨料取代率。当废弃纤维在合理的体积掺入量范围内时，纤维提高再生混凝土抗氯离子侵蚀性能的原因为：首先，纤维的加入优化了再生混凝土内部的孔结构，提高再生混凝土的密实度；其次，纤维可以阻断裂缝的发展，减少氯离子的通过路径；最后，氯盐晶体有少量会附着在废弃纤维表面（图 6-12），减少了混凝土基体中的自由氯离子含量。而大掺量废弃纤维掺入时，由于分散不均匀或纤维相互叠加易形成纤维团，混凝土硬化后在混凝土内部形成空鼓，降低了试件的密实程度并且形成了新的界面，提高了自由氯离子的含量。

图 6-12 废弃纤维表面氯盐形态

6.4.3 时间对氯离子含量影响

在长期浸泡情况下，各试件随着时间的变化趋势相同，因此选择有代表性的试件进行分析。图 6-13～图 6-15 为普通混凝土 NC、再生混凝土 RC50 和废弃纤维再生混凝土 FRC50-0.12 浸泡时间对氯离子含量的影响。

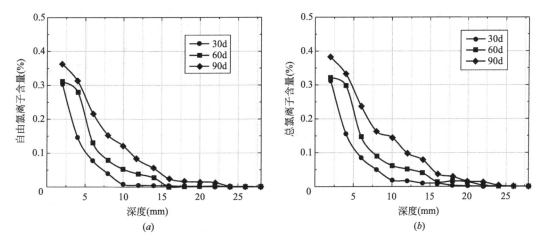

图 6-13 浸泡时间对氯离子含量的影响——NC

（a）自由氯离子含量；（b）总氯离子含量

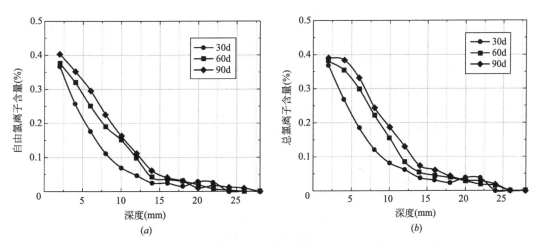

图 6-14 浸泡时间对氯离子含量的影响——RC50

（a）自由氯离子含量；（b）总氯离子含量

各试件浸泡时间对氯离子含量的影响曲线均随着侵蚀深度的增加而降低。在相同的侵蚀深度下，随着浸泡时间的增加，试件内的自由氯离子含量和总氯离子含量增加。在此着重分析浸泡时间对自由氯离子含量的影响情况。

由图 6-13 可知，普通混凝中自由氯离子含量随着长期浸泡时间的延长而增大，但是变化的幅度逐渐减小，当浸泡时间为 30d 时，曲线趋于平缓的拐点为 10mm 左右，而浸泡时间为 60d 和 90d 的拐点为 15mm 左右，随着浸泡时间的增加，在相同深度下曲线的间隔

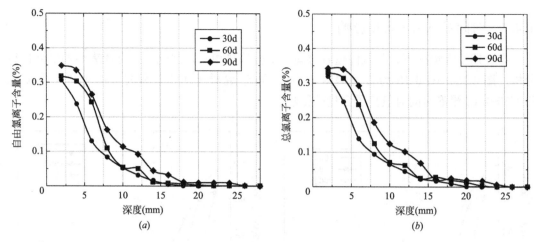

图 6-15 浸泡时间对氯离子含量的影响——FRC50-0.12
（*a*）自由氯离子含量；（*b*）总氯离子含量

逐渐减少，这主要是由于，随着浸泡时间的增加，混凝土基体的水化程度不断提高，混凝土变得更加密实，因此氯离子的扩散速度减缓。

由图 6-14 可得到类似的结论，但是当浸泡时间为 30d 时，曲线趋于平缓的拐点后移。当浸泡深度为 10mm 时，浸泡时间 60d 较浸泡时间 30d 的自由氯离子浓度增加 53.41%，浸泡时间 90d 较浸泡时间 60d 的自由氯离子浓度增加 7.05%，增长幅度降低了 86.8%。究其原因，除了增加混凝土基体的水化程度外，再生骨料表面的老旧砂浆中为水化的水泥颗粒会发生二次水化，且水化程度不断的提高，增加了 ITZ 的密实程度，因此随着浸泡时间的增加，再生混凝土中的自由氯离子含量的增加程度降低。

由图 6-15 可知，当侵蚀深度小于 8mm 时，废弃纤维再生混凝土试件 FRC50-0.12 与试件 NC 和 RC50 的结论相同。当侵蚀深度在 8～15mm 之间处曲线出现波动，造成这个现象的原因主要为试验的误差，这些层内可能含有废弃纤维，在试验取样时由于纤维细小，在剔除不干净的情况下进行试验，会造成曲线波动的现象。

6.5 干湿交替试验结果及分析

干湿交替情况下，氯离子在混凝土基体中的迁移方式与长期浸泡不同，自由氯离子的侵入过程不仅包括扩散模式，还包括毛细吸附和对流。

6.5.1 再生骨料取代率对氯离子含量影响

图 6-16～图 6-18 为 30d（6 次）、60d（12 次）、90d（18 次）再生骨料取代率对不同侵蚀深度时氯离子（自由氯离子和总氯离子）含量的影响情况。

从图 6-16～图 6-18 可以看出，各试件的曲线形态相同，主要分为两阶段，第一阶段：随着深度的增加氯离子含量增加；第二阶段：随着侵蚀深度的增加氯离子含量减小，曲线形态先迅速下降，然后开始趋于平缓，此阶段和长期浸泡模式下的试件曲线形态相同。这主要是因为在曲线第一阶段，氯离子的主要侵蚀模式为对流作用，称为"对流区"，"对流

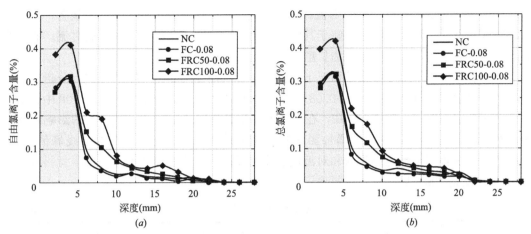

图 6-16　再生骨料取代率对氯离子含量的影响—浸泡时间 30d（干湿交替）
（a）自由氯离子含量；（b）总氯离子含量

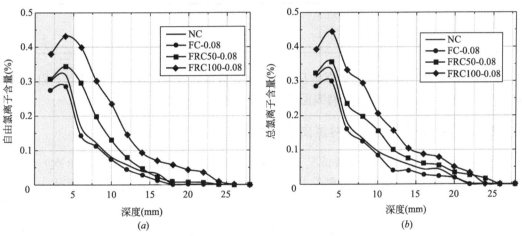

图 6-17　再生骨料取代率对氯离子含量的影响——浸泡时间 60d（干湿交替）
（a）自由氯离子含量；（b）总氯离子含量

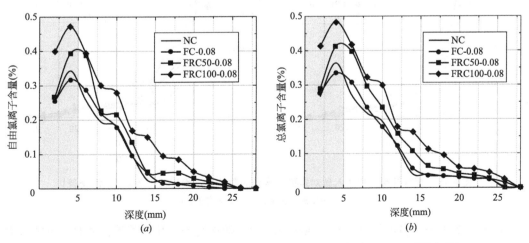

图 6-18　再生骨料取代率对氯离子含量的影响——浸泡时间 90d（干湿交替）
（a）自由氯离子含量；（b）总氯离子含量

区"在侵蚀深度 0～5mm 之间，对流作用主要是由于孔隙饱和度处于非均匀状态，孔隙液在场的作用下发生渗流，于是溶解于其中的氯离子随孔隙液在混凝土内形成对流；而曲线第二阶段氯离子的侵蚀模式主要为扩散作用，称为"扩散区"。

再生骨料取代率对干湿交替情况下氯离子的影响程度用 Δ_{0-50} 和 Δ_{50-100} 进行分析（表 6-2），Δ_{0-50} 和 Δ_{50-100} 分别为 FRC50-0.08 较 FC-0.08、FRC100-0.08 较 FRC50-0.08 中自由氯离子含量的提高率。由表 6-2 可知，在总体上再生骨料取代率对"扩散区"的影响程度高于"对流区"，随着侵蚀时间的增加影响程度逐渐减小，在"对流区"的曲线峰值右移，但由于计算位置固定且毛细吸附和对流耦合作用复杂，因此规律性不强。再生骨料取代率由 50％提高到 100％后，对自由氯离子含量的影响程度提高。

	Δ_{0-50} 和 Δ_{50-100} 对比				表 6-2	
区域	30d(6 次)		60d(12 次)		90d(18 次)	
	Δ_{0-50}（%）	Δ_{50-100}（%）	Δ_{0-50}（%）	Δ_{50-100}（%）	Δ_{0-50}（%）	Δ_{50-100}（%）
对流区(4mm)	3.8	23.3	16.92	42.77	19.4	16.4
扩散区(10mm)	70.39	18.77	20.93	44.68	16.75	23.29

再生骨料取代率对干湿交替情况下自由氯离子含量的影响原因与长期浸泡下相同，分别为再生混凝土的多重 ITZ、骨料表面的老旧砂浆和高孔隙率。

6.5.2　废弃纤维体积掺入量对氯离子含量影响

图 6-19～图 6-21 为干湿交替情况下，30d（6 次）、60d（12 次）、90d（18 次）废弃纤维体积掺入量对不同侵蚀深度氯离子（自由氯离子和总氯离子）含量的影响情况。

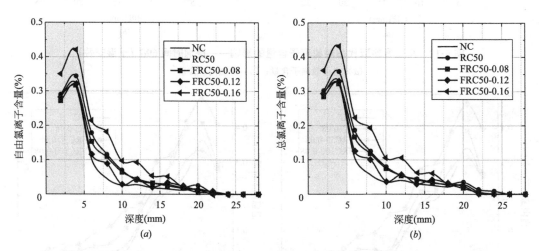

图 6-19　废弃纤维体积掺入量对氯离子含量的影响——浸泡时间 30d（干湿交替）
（a）自由氯离子含量；（b）总氯离子含量

各试件氯离子（自由氯离子和总氯离子）含量随深度的变化曲线形态相似，距离试件表面一定深度处氯离子含量存在峰值，曲线分为两阶段，第一阶段：随着深度的增加氯离子含量增加，氯离子侵入主要为对流作用，称为"对流区"；第二阶段：随着侵蚀深度的

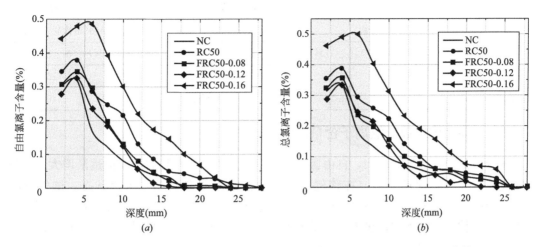

图 6-20 废弃纤维体积掺入量对氯离子含量的影响——浸泡时间 60d（干湿交替）
（a）自由氯离子含量；（b）总氯离子含量

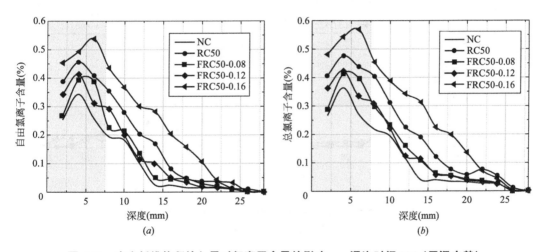

图 6-21 废弃纤维体积掺入量对氯离子含量的影响——浸泡时间 90d（干湿交替）
（a）自由氯离子含量；（b）总氯离子含量

增加氯离子含量减小，曲线形态先迅速下降，然后开始趋于平缓，此阶段和长期浸泡模式下的试件曲线形态相同，氯离子侵入主要为扩散作用，称为"扩散区"。

废弃纤维体积掺入量对干湿交替情况下氯离子的影响程度用 $\Delta_{0.08-0.12}$ 和 $\Delta_{0.12-0.16}$ 进行分析（表 6-3），$\Delta_{0.08-0.12}$ 和 $\Delta_{0.12-0.16}$ 分别为废弃纤维体积掺入量由 0.08% 提高到 0.12%、由 0.12% 提高到 0.16% 混凝土基体中自由氯离子含量的提高率。由表 6-3 可知，废弃纤维体积掺入量对"对流区"的影响较大，数据规律不明显。在"扩散区"废弃纤维体积掺入量为 0.12% 的试件水泥基体中的含量最小，随着干湿交替次数的增加，废弃纤维体积掺入量的影响程度减小。当废弃纤维体积掺入量为 0.16% 时，氯离子含量增加程度明显。干湿交替情况下，孔隙溶液的迁移比长期浸泡条件下剧烈，大掺量纤维的掺入不仅易在混凝土内部形成空鼓区，同时也为氯离子侵入提供了更多的通道。

区域	$\Delta_{0.08-0.12}$ 和 $\Delta_{0.12-0.16}$ 表 6-3					
	30d(6 次)		60d(12 次)		90d(18 次)	
	$\Delta_{0.08-0.12}$(%)	$\Delta_{0.12-0.16}$(%)	$\Delta_{0.08-0.12}$(%)	$\Delta_{0.12-0.16}$(%)	$\Delta_{0.08-0.12}$(%)	$\Delta_{0.12-0.16}$(%)
对流区(4mm)	1.75	34.41	−5.07	31.55	90.48	16.10
扩散区(10mm)	−132.68	71.12	−4.24	58.33	−7.38	45.61

6.5.3 干湿交替次数对氯离子含量影响

随着干湿交替次数的增加，自由氯离子、总氯离子的含量和曲线峰值逐渐增大，峰值点的侵蚀深度基本保持一致，在该侵蚀深度干湿循环机制达到了平衡状态。试件 NC、RC50、FRC50-0.12 干湿交替次数对氯离子含量的影响如图 6-22～图 6-24 所示。总体上，随着干湿交替次数的增加，氯离子含量增加，废弃纤维体积掺入量对氯离子含量的影响程度低于再生骨料取代率。

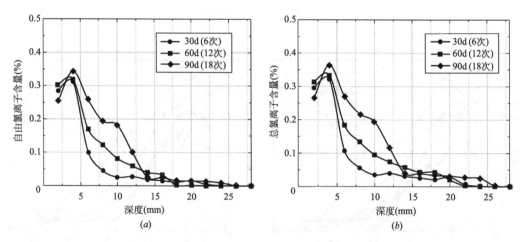

图 6-22 浸泡时间对氯离子含量的影响——NC（干湿交替）

（a）自由氯离子含量；（b）总氯离子含量

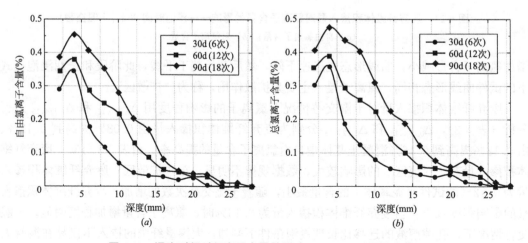

图 6-23 浸泡时间对氯离子含量的影响——RC50（干湿交替）

（a）自由氯离子含量；（b）总氯离子含量

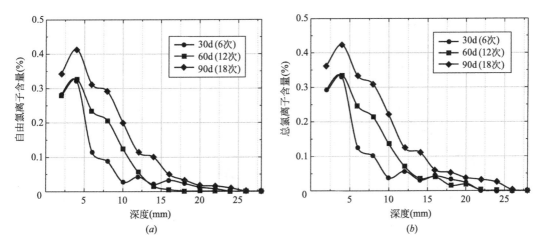

图 6-24 浸泡时间对氯离子含量的影响——FRC50-0.12（干湿交替）

（*a*）自由氯离子含量；（*b*）总氯离子含量

由图 6-22 和图 6-23 可知，再生混凝土对干湿交替次数的影响程度较大，RC50 在干湿交替 18 次时自由氯离子含量峰值点是干湿交替 6 次时的 1.32 倍，而天然混凝土 NC 为 1.1 倍，再生混凝土的多重 ITZ、骨料表面的老旧砂浆和高孔隙率为氯离子侵入提供了更多的途径。图 6-24 中，FRC50-0.12 的曲线形态不如其他试件光滑，造成这个现象的主要原因为试验误差，在制备工程时有纤维掺入砂浆试样中，纤维表面易吸附氯离子，增加了该侵蚀深度下砂浆试样中的氯离子含量。

6.6 自由氯离子和总氯离子含量的关系

图 6-25 为长期浸泡和干湿交替情况下，普通混凝土 NC、再生混凝土 RC50、废弃纤维再生混凝土 FRC50-0.12 中自由氯离子和总氯离子的拟合曲线。由图可知，不同的浸泡方式对混凝土中自由氯离子和总离子的含量影响较小，各试件的自由氯离子和总氯离子含量呈线性关系，随着自由氯离子含量的增长总氯离子含量线性增长，并且相关性系数在 0.99 以上。典型试件 NC、RC50、FRC50-0.12 中自由氯离子和总氯离子之间呈如下关系：

$$C_A = aC_W + b \tag{6-3}$$

式中，C_A 为总氯离子含量，C_W 为自由氯离子含量，a、b 为系数。

在相同侵蚀深度下，总氯离子含量大于自由氯离子含量的原因为氯离子存在一定的结合效应，产生结合效应的主要原因就是物理吸附和化学结合，也称为"吸附效应"或"绑定效应"。氯离子结合效应的主要理论为线性结合理论，线性结合理论在计算形式上较为简单，因此在研究氯离子结合理论中应用较多。

由质量守恒定律，氯离子在混凝土内部运输过程中存在质量平衡，如图 6-26 所示。在单位体积（$\Delta x \, l^2$）中氯离子含量为氯离子在 x 处扩散量和（$x + \Delta x$）处的扩散量的差加上单位体积中生成物的生成量。

根据 Fick 第一定律，自由氯离子的通量为：

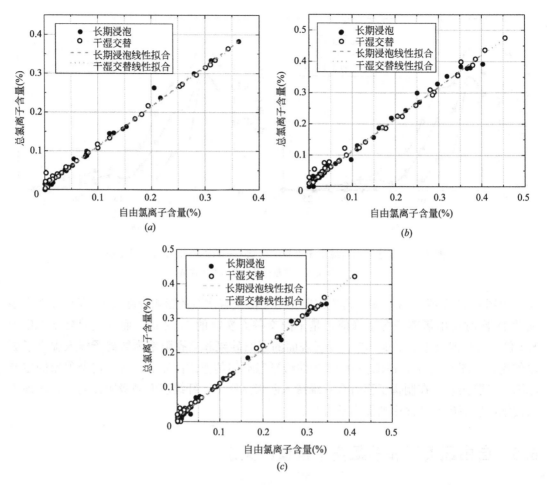

图 6-25　自由氯离子与总氯离子的关系

(*a*) NC；(*b*) RC50；(*c*) FRC50-0.12

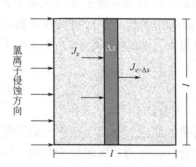

图 6-26　氯离子在混凝土内部扩散

$$\Delta x l^2 C_W = (J_x - J_{x+\Delta x}) l^2 + R \Delta x l^2 \quad (6\text{-}4)$$

其中，C_W 为自由氯离子的量（kg/m³），R 为 Δx l^2 内生成物的生成率。根据 Fick 第二定律，式（6-4）可化转化为：

$$\frac{\partial C_W}{\partial t} = D \frac{\partial^2 C_W}{\partial x^2} + r \quad (6\text{-}5)$$

式中，D 为自由氯离子扩散系数，r 为反应速率。

物理吸附作用主要依靠的是范德华力，它的结合作用相对较弱，在遭到破坏后被物理吸附的氯离子将转化为自由氯离子。氯离子结合作用的另一种方式为化学结合，通过化学键将氯离子结合在一起，其结合能力相对较强。混凝土基体中的氯离子在传输过程中由于化学结合作用会生成费氏（Friedel）盐。

$$3CaO \cdot Al_2O_3 \cdot 6H_2O + Ca^{2+} + 2Cl^- + 4H_2O \rightarrow 3CaO \cdot Al_2O_3 \cdot CaCl_2 \cdot 10H_2O \quad (6\text{-}6)$$

费氏盐在混凝土基体中存在平衡方程：

$$\frac{\partial}{\partial t}(\Delta x l^2 C_r) = -r\Delta x l^2 \qquad (6\text{-}7)$$

自由氯离子的传输与混凝土内的有效含水量 ω_e 密不可分，因此，混凝土内的总氯离子可表示为：

$$C_A = \omega_e C_W + C_r \qquad (6\text{-}8)$$

式中，C_A 为总氯离子的量（kg/m^3），ω_e 为可蒸发水占混凝土的体积百分比（%），C_r 为结合氯离子的量（kg/m^3）。

因此，式（6-3）中系数 a 表征为有效含水量对氯离子含量的影响，系数 b 表征为氯离子结合能力对氯离子含量的影响。因长期浸泡和干湿交替对氯离子结合能力影响不大，因此这里以长期浸泡方式为例进行详细分析。长期浸泡条件下，各试件的系数 a、b 及相关性系数 R 列于表 6-4 中。

系数 a、b 和相关性系数 R 表 6-4

系数	NC	FR-0.08	RC50	FRC50-0.08	FRC50-0.12	FRC50-0.16	FRC100-0.08
a	0.1351	1.0361	1.0247	1.031	1.0039	1.0427	1.0315
b	0.0075	0.0065	0.0104	0.0072	0.0085	0.0099	0.0083
R	0.998	0.998	0.996	0.998	0.997	0.996	0.994

由表 6-4 可知，相关性系数均在 0.99 以上，线性拟合程度较好。各试件的系数 a 和 b 数值较小，系数 b 的精确度为 0.001，选择单因素试件进行分析，FR-0.08 的系数 b 比 NC 降低了 13.3%，而 RC50 比 NC 增加了 38.7%。综上分析可知，这说明各设计变量对氯离子的结合能力较小，这与文献 [27]、[124] 的研究成果相同，因此，可以认为总氯离子和自由氯离子的含量呈 $C_A = kC_W$ 的关系，在实际工程设计和耐久性能计算时可以忽略再生骨料取代率和废弃纤维体积掺入量对氯离子结合能力的影响。

6.7　浸泡方式对比分析

在不同浸泡方式下，氯离子的侵蚀模式、机理和混凝土中的氯离子含量均不同。图 6-27 为不同的浸泡方式对氯离子含量随侵蚀深度的变化情况。选择长期浸泡 90d 和干湿交替 90d（干湿交替次数 18 次）后的普通混凝土 NC、再生混凝土 RC50、废弃纤维再生混凝土 FRC50-0.12 中的自由氯离子含量进行分析。

由图 6-27 可知，两种浸泡模式下，自由氯离子随深度的变化曲线形态不同。干湿交替情况下曲线先增大后减小存在峰值点，而长期浸泡条件下曲线单调下降。浸泡方式对氯离子含量的影响用相同侵蚀深度下，干湿交替较长期浸泡情况下的氯离子含量增长率表示 [式（6-9）]，各试件的氯离子含量增长率列于图 6-28 中。

$$氯离子含量增长率 = \frac{干湿交替下氯离子含量 － 长期浸泡下氯离子含量}{干湿交替下氯离子含量} \qquad (6\text{-}9)$$

由图 6-28 可知，干湿交替作用提高了氯离子的侵蚀速率。其中，再生骨料取代率对干湿交替作用反应明显，整体氯离子含量增长率较高。长期浸泡模式下，氯离子通过毛细

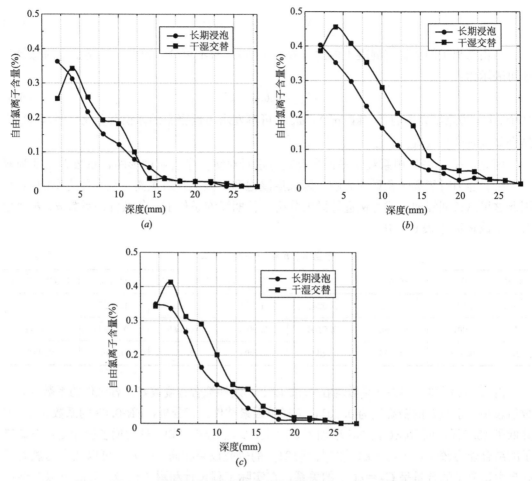

图 6-27 浸泡方式对自由氯离子含量的影响——浸泡时间 90d

（*a*）NC；（*b*）RC50；（*c*）FRC50-0.12

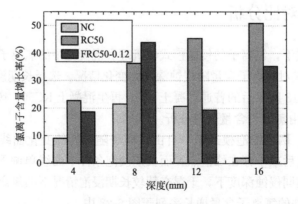

图 6-28 氯离子含量增长率

吸附作用至试件表面饱和之后，开始在浓度梯度的作用下，以扩散的方式向混凝土内部输运，发生扩散作用时孔隙液未发生整体迁移，氯离子仅依靠浓度梯度向混凝土内部迁移。干湿交替模式下，混凝土表层的运输机制在扩散和对流之间交替。干湿交替情况下混凝土内含水量的变化如图 6-29 所示。

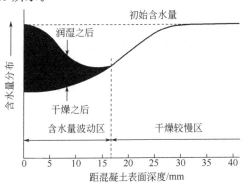

图 6-29　干湿交替下混凝土内部含水量变化

6.8　本章小结

本章通过长期浸泡和干湿交替两种氯离子侵蚀试验模拟了氯盐溶液在混凝土中饱和和非饱和两种状态，研究了两种情况下再生骨料取代率、废弃纤维体积掺入量、侵蚀时间对废弃纤维再生混凝土中抗氯离子侵蚀性能的影响。探讨了设计参量对氯离子含量产生影响的原因以及两种侵蚀试验的侵蚀机理，主要得出如下结论：

（1）长期浸泡模式下，各试件的氯离子浓度随着侵蚀深度的增大单调减小。氯离子主要的侵蚀模式为：扩散作用。扩散作用的机理为，氯离子在浓度梯度作用下产生定向迁移，此时孔隙内的介质为饱和状态，仅氯离子本身产生定向迁移。

（2）干湿交替模式下，试件内的氯离子含量随着深度的增加先增后减，曲线存在明显峰值，以峰值为界限分为"对流区"和"扩散区"。在对流作用下，离子随着载体溶液发生整体的迁移，对流作用占主导的位置在试件的表面区，随着侵蚀深度增加扩散作用逐渐占主导，因此在"扩散区"的曲线相态与长期浸泡模式下相同。干湿交替作用对不同再生骨料取代率试件中的氯离子含量对反映更灵敏。

（3）再生混凝土抗氯离子侵蚀能力较普通混凝土差，随着再生骨料取代率增加，试件抗氯离子侵蚀能力变小，再生混凝土的多重 ITZ、骨料表面的老旧砂浆和高孔隙率为氯离子侵入提供了更多的途径。掺入废弃纤维能够提高再生混凝土抗氯离子渗透能力，最佳体积掺入量为 0.12%。废弃纤维的加入可以提高再生混凝土的密实程度，但是大掺量废弃纤维，由于分散不均匀或纤维相互叠加易形成纤维团，混凝土硬化后在混凝土内部形成空鼓，降低了试件的密实程度并且增加了新的界面，增加了氯离子的输运通道，因此废弃纤维存在最优掺入量。

（4）随着浸泡时间的增大，氯离子含量增大，但是增大幅度逐渐减小。时间越长，混凝土的水化越完全，水泥石基体越密实，因此氯离子的扩散速度逐渐减缓。

（5）混凝土中的凝胶生成和废弃纤维都对氯离子具有一定的结合和吸附作用，试验数据表明自由氯离子含量与总氯离子含量呈强线性相关。本结论中，代表氯离子结合能力的系数 b 的精确度为 0.001，因此在实际工程和耐久性能设计时可以忽略再生骨料取代率和废弃纤维体积掺入量对氯离子结合能力的影响。

7 基于孔结构分形特征的废弃纤维再生混凝土氯离子扩散模型

7.1 引言

一直以来，建立准确、合理、适用性强的氯离子扩散模型是研究钢筋混凝土结构中钢筋锈蚀、进行耐久性寿命预测和评估的基础和关键。因此，将废弃纤维再生混凝土这类新型绿色材料在未来进行推广和应用就必须解决氯离子在废弃纤维再生混凝土中的扩散模型。

对于在结构体系中的混凝土构件，由于所处自然条件、服役时间和混凝土材料的组成成分不同等原因，氯离子在混凝土构件中的分布形态不尽相同。许多学者在 Fick 第二定律的基础上建立了氯离子扩散模型，将影响因素考虑成模型参数对模型进行修正，但是在不同的侵蚀方式中，各影响因素的影响方式和程度各不相同。学者们研究了再生粗骨料取代率和纤维体积掺入量对氯离子侵蚀模型的影响，建立含有再生骨料取代率和纤维体积掺入量的氯离子输运模型。再生骨料取代率的质量和纤维类型对这些输运模型的影响较大，模型的适用性有限。因此，对于废弃纤维再生混凝土来说，由于再生粗骨料和废弃纤维的耦合使建立合理的氯离子扩散模型更加困难。

本章针对完全浸泡和干湿交替两种模式，分别考虑两种模式的特点建立了废弃纤维再生混凝土的氯离子输运模型。模型中对再生骨料取代率和废弃纤维体积掺入量两个影响因素主要通过第 4 章和第 5 章中的孔隙分形特征进行考虑，避免了因素耦合和材料特定性带来的问题，使模型的准确性和适用性更强。模型中的相关参数在第 6 章中的试验基础上进行确定。通过"Crank-Nicolson"模型求解建立的废弃纤维再生混凝土氯离子侵蚀模型，并将其与试验结果进行对比，验证其准确性。本研究在宏观影响因素模型中，将材料特点用细观参数表示，采用"多尺度"的手段从本质上解析了废弃纤维再生混凝土的氯离子扩散性能。

7.2 氯离子侵蚀机理与输运模型

7.2.1 氯离子侵蚀机理

氯离子从混凝土表面通过连通的孔隙和微裂缝向内部侵入的过程是一个非常复杂的传质过程。无论是在饱和状态还是非饱和状态下，氯离子在混凝土中扩散过程的本质其实是若干个相互存在又相互制约的物理化学过程的耦合。因此，从基础物理化学过程的作用机制和计算模型入手，是研究复杂状态下氯离子在混凝土中分布的基础。

根据第 6 章的分析可知，氯离子侵入废弃纤维再生混凝土内部的机理根据浸泡方式的不同而有所不同，但主要为毛细吸附、扩散和对流三种模式的耦合。不同的浸泡方式下，三种模式所占的主导作用不同，下面分别对三种侵入模式进行分析。

（1）毛细作用

毛细吸附作用是氯离子侵入到混凝土中的首要动力，在液体表面张力作用下，为了使毛细管道内液面两侧压力平衡，因此在毛细管道内发生液体整体流动，使氯离子输运到混凝土中，该作用称为毛细吸附作用。毛细作用的原理如图 7-1 所示，为了保持毛细管到内液面两侧压力稳定，则有：

$$(p_g - p_1) \cdot \pi R_a R_b = \gamma \cdot \pi \cdot \cos\theta \cdot (R_a + R_b) \tag{7-1}$$

式中，p_g 为空气压力，p_1 为液体内部压力，γ 为液体表面张力，θ 为水与混凝土的接触角。对式（7-1）进行 Laplace 变换，则有：

$$p_g - p_1 = \gamma \cdot \cos\theta \cdot \left(\frac{1}{R_a} + \frac{1}{R_b} \right) \tag{7-2}$$

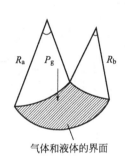
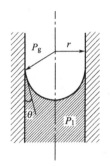

图 7-1　毛细管内液面示意图

在干湿交替情况下，毛细作用也使氯离子在混凝土表层进行了累积。因此毛细吸附在混凝土氯离子侵蚀过程中的作用是不容忽视的。毛细作用是非饱和状态下吸水性的主要影响因素，在一维情况下，可以通过非饱和流体扩散理论 Darcy 方程进行表达：

$$\frac{dq}{dt} = K \cdot A \cdot \frac{dp}{dx} \tag{7-3}$$

式中，dp/dx 为流体在毛细管中的压力梯度，K 为渗流系数（m^2/s），A 为试件的截面面积（m^2）。

（2）扩散作用

所谓扩散作用是指溶液中的离子在化学位梯度作用下所发生定向迁移的基本过程。假设离子在介质中进行一维扩散，在 Δx 处的浓度分别为 C_{x-1} 和 C_{x+1}，有且仅有 $C_{x+1} > C_{x-1}$ 成立，根据文献 [131]、[195] 浓度为 C_{x-1} 的化学位为：

$$\mu_{i-1} = \mu + RT \ln C_{i-1} \tag{7-4}$$

式中，μ 为标准状态下化学位（J/mol），R 为气体常数，T 为绝对温度。当离子浓度迁移到 C_{x+1} 处时，则在这一过程中所做的功为：

$$W = \mu_{x+1} - \mu_{x-1} = RT \ln(C_{x+1}/C_{x-1}) \tag{7-5}$$

对式（7-5）两侧取微分得：

$$dW = d\mu \tag{7-6}$$

其中，$d\mu$ 的物理意义为电荷在电场作用下，从 x 处移动到 $x+dx$ 处所做的功。因此扩散力 F_d 使 1mol 化学物质扩散所做的功可表示为：

$$-dW = -d\mu = F_d dx \tag{7-7}$$

由式（7-7）可知，扩散力的大小即为化学位梯度。在扩散模型中，适用于描述溶液中离子扩散的 Fick 定律，其中的一个前提为离子在运输过程中不与孔隙液发生反应且混凝土中的孔隙液为饱和状态。氯离子在扩散迁移过程中，孔隙液没有随之发生整体迁移，仅氯离子依靠化学位梯度向混凝土内部迁移。

（3）对流作用

对流作用是指离子随着孔隙液发生整体迁移的过程。发生对流的主要原理可以用"墨水瓶"模型进行分析。"墨水瓶"模型在干燥—湿润过程中的示意图如图 7-2 所示。

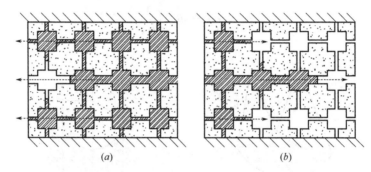

$$(a) \qquad\qquad\qquad\qquad (b)$$

图 7-2　"墨水瓶"模型

（a）干燥；（b）湿润

在理想情况下，湿润过程从大孔隙到小孔隙依次饱和，干燥过程从小孔隙到大孔隙依次失水。在理想状态下干燥和湿润过程的系数 K_d 和 K_w：

$$K_d = \frac{\rho_w \tau}{8\eta_l} \int_{R_{min}}^{R_d} r^2 f_p(r) dr \tag{7-8}$$

$$K_w = \frac{\rho_w \tau}{8\eta_l} \int_{R_w}^{R_{max}} r^2 f_p(r) dr \tag{7-9}$$

式中，r 为孔的半径，R_{max} 和 R_{min} 为水分传输的最大和最小孔径，η_l 为水的动力黏度，τ 为孔的曲折度，$f_p(r)$ 为孔径分布函数。

7.2.2　氯离子输运基本模型

氯离子扩散机理十分复杂，通常为毛细吸附、扩散作用和对流作用等几类输运方式的耦合。通过大量的试验和测试结果表明，氯离子主要在浓度差的作用下发生一维扩散。因此，在多数情况下认为扩散作用的主要机理为扩散作用。采用 Fick 定律可以描述氯离子扩散浓度、扩散系数及扩散时间。

在单位时间内，一维的扩散通量 J 与扩散力 F_d 的关系为：

$$J = kF_d + k_1 F_d^2 + k_2 F_d^3 + L + k_{n-1} F_d^n \tag{7-10}$$

式中，系数 k、k_1、k_2、k_{n-1} 等均为常数，由式（7-7）可知扩散力的大小与电位梯度相等，则扩散力在较小的情况下省略高次项，则有：

$$J = kF_d \tag{7-11}$$

将式（7-4）、式（7-7）带入式（7-11）中，并两端求导有：

$$J = kRT\frac{dC}{dx} \tag{7-12}$$

式（7-12）中的符号含义与式（7-4）相同。令 $D_c = kRT$ 则式（7-12）可改写为：

$$J = -D_c\frac{\partial C}{\partial x} \tag{7-13}$$

式中，D_c 为扩散系数（m²/s）。

式（7-13）便为 Fick 第一定律。Fick 第一定律描述的为稳态扩散过程，但是在通常情况下，扩散通量 J 是一个随着空间和时间变化而变化的函数，这个扩散过程区别于 Fick 第一定律描述的稳态扩散过程，称为非稳态扩散过程。在非稳态扩散过程中，在单位长度上离子的通量差 ΔJ 可表示为：

$$\Delta J = \frac{\partial J}{\partial x}dx = \frac{\partial C}{\partial t}dx \tag{7-14}$$

将式（7-13）带入到式（7-14）中可以得到：

$$\frac{\partial C}{\partial t} = D_c\frac{\partial^2 C}{\partial x^2} \tag{7-15}$$

式（7-15）为 Fick 第二定律的表达式，由于 Fick 第二定律的简洁性及与实测结果的高吻合性，一直被认为是预测混凝土中氯离子扩散的经典方法。Fick 第二定律实质是一种基于经验的假定，通常假设的边界条件为：

$$\begin{cases} 初始条件 & C(x,0) = C_0 \\ 边界条件 & C(0,t) = C_s;\ C(l,t) = 0 \end{cases} \tag{7-16}$$

式中，t 为时间，C_0 为扩散开始时距混凝土表面 x 处的氯离子含量，C_s 为表面氯离子含量，l 为氯离子的传输距离。

则 Fick 第二定律的解析解为：

$$C(x,t) = C_s\left[1 - erf\left(\frac{x}{2\sqrt{D_c \cdot t}}\right)\right] \tag{7-17}$$

式中，$erf(x)$ 为误差函数。

7.3 基于孔结构分形特征的有效扩散系数

混凝土是一种含有"固—液—气"三相的非均质多孔体系。其固相包含水泥水化产物及骨料等，它们共同搭建了混凝土的整体框架结构，在框架结构的空隙内水和空气充填于其中。固相体框架的空隙决定了混凝土具有一定的渗透性。当混凝土中任何一相发生变化时都会改变固相框架中的空隙，就会影响离子在框架空隙中的扩散性能。

氯离子的渗透性能是影响混凝土结构耐久性的重要方面之一，混凝土中这些形态曲折且表面粗糙的孔对氯离子的渗透作用影响显著，因此对孔结构和氯离子渗透性能之间的关系进行研究是十分必要的。只要混凝土基体中有孔隙的存在，那么这些孔隙就会组成渗透通道，外界氯离子就能渗入到混凝土内部。Zhang 提出混凝土的孔结构与渗透性的关系主要分为四种情况，在不同的情况下，孔隙所能组成的渗透通道数量不同，如图 7-3 所示。不同的孔隙率、孔径尺寸和连通程度决定着氯离子的渗透性能。

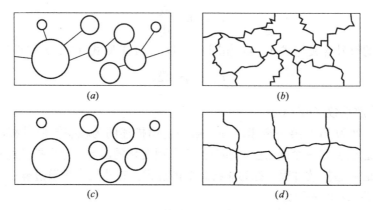

图 7-3   混凝土的孔结构与渗透性能关系
（*a*）高孔隙率/低渗透性；（*b*）多孔/高渗透性；（*c*）多孔/无渗透性；（*d*）低孔隙率/高渗透性

孔的形状各异、孔径尺寸从微观尺度跨越到宏观尺度，这些不确定因素都对混凝土的氯离子渗透性能有着巨大影响。其中，对氯离子输运性能影响最不利的孔径为大于 100nm 的大孔和 5～100nm 的微毛细孔。这类孔径即可以发生毛细孔凝结现象又能产生较大的毛细孔压和渗透力，增加混凝土的吸湿性和自收缩性能。在氯离子输运过程中，大孔和微毛细孔使混凝土表面的渗透率变大从而造成渗透性能降低。对混凝土耐久性影响最小的孔的类型为凝胶孔，这类孔由于孔径较小因此不会发生毛细作用，对混凝土性能不利的自收缩现象和毛细渗透现象影响很小。

在实际混凝土材料中，由于其孔隙结构参数是随机的、无序的，因此采用理论模型求得的氯离子渗透解与实际情况具有较大差异。分形理论是研究无序结构的理论，学者们开始采用分形理论来研究多孔介质的渗透率。大部分学者主要对岩石、储油层等多孔介质进行了研究，目前对于基于分形理论的混凝土渗透性能的研究工作仍处于初级阶段，主要进行了一些描述性工作。

由于废弃纤维和再生粗骨料的加入，使废弃纤维再生混凝土这类多孔材料的孔结构较普通混凝土更加复杂（本文第 5 章），采用已有的方法研究废弃纤维再生混凝土的孔结构对渗透性能的影响是不够准确的。因此本文考虑应用"多尺度"的研究手段，采用细观参数表征宏观上再生粗骨料取代率和废弃纤维体积掺入量对氯离子输运情况的影响，通过孔结构的分形模型来建立废弃纤维再生混凝土的氯离子输运模型。

本文第 4 章中认为混凝土中的孔道是弯曲的毛细管束，可以用曲折度 τ［式（4-29）］来表示，可以认为 τ 为平均曲率，有效孔隙的实际长度 L_t 大于沿着流动方向有效孔隙的直线长度 L_0，且 $\tau > 1$。

多孔介质中的扩散作用通常表达为一维扩散方程的形式，扩散过程中孔隙中的摩尔通量 J_A 可表示为：

$$J_A = k \frac{\Delta C_A D_c}{L_0} \tag{7-18}$$

式中，ΔC_A 为孔隙中摩尔浓度的变化，D_c 为扩散系数，k 为常数其物理意义与式（7-11）

相同。则多孔介质中的有效扩散通量 J_{AS} 可以表示为：

$$J_{AS} = k \frac{\Delta C_A D_{cA}}{L_0} \qquad (7-19)$$

其中，D_{cA} 为考虑孔隙结构离子在多孔材料内部有效的扩散系数。

在扩散过程中有效扩散通量 J_{AS} 与孔隙轴向扩散通量 J_{Ai} 有如下关系：

$$J_{AS} = \varphi J_{Ai} \qquad (7-20)$$

式中，φ 为多孔介质的孔隙率。

离子在多孔介质输运经过时间 t 为：

$$t = \frac{L_0}{J_{Ai}/\overline{C_A}} \qquad (7-21)$$

式中，$\overline{C_A}$ 为组分里的平均摩尔浓度。采用第 4 章式（4-29）的毛细管模型则：

$$t = \frac{L_t}{J_{Ac}/\overline{C_A}} \qquad (7-22)$$

式中，J_{Ac} 是考虑毛细管束模型后毛细管内的扩散通量，可以表示为：

$$J_{Ac} = k \frac{\Delta C_A D_c}{L_t} \qquad (7-23)$$

由式（7-21）和式（7-22）得：

$$J_{Ai} = \frac{L_0}{L_t} J_{Ac} \qquad (7-24)$$

由式（7-20）和式（7-24）得：

$$J_{Ac} = \frac{J_{AS}}{\varphi} \cdot \frac{L_t}{L_0} \qquad (7-25)$$

将式（7-25）代入式（7-23）中得：

$$J_{As} = k\varphi D_c \Delta C_A \cdot \frac{L_0}{L_t^2} \qquad (7-26)$$

将式（7-26）代入式（7-19）则有：

$$D_{cA} = D_c \frac{\varphi}{(L_t/L_0)^2} \qquad (7-27)$$

将式（4-29）代入式（7-27）则有：

$$D_{cA} = D_c \frac{\varphi}{\tau^2} \qquad (7-28)$$

式（7-28）为考虑孔隙结构的扩散系数公式。根据第 4 章和第 5 章的研究成果可知，废弃纤维再生混凝土的孔结构具有明显的分形特征，利用分形维数可以全面的表征再生骨料取代率和废弃纤维对孔结构的影响。

根据 Katz 和第 4 章中详述的 Menger 模型，设用来测量孔分形特征的相对尺度 ε 的下限为 L_1，上限为 L_2。用 L_1 测量标度测量的多孔介质的总体积为 $A(L_2/L_1)^3$，则孔隙体积可表示为 $A(L_2/L_1)^{D_v}$，其中 A 为常数。因此孔隙率 φ 可以通过下式进行计算：

$$\varphi = \left(\frac{L_1}{L_2}\right)^{3-D_v} \qquad (7-29)$$

根据 Yu 和 Cheng 等人的研究成果，在混凝土中相对测量尺度 ε 的上限为 L_0，下限为孔隙直径 λ，则式（7-29）可以改写为：

$$\varphi = \left(\frac{\lambda}{L_0}\right)^{3-D_v} \tag{7-30}$$

将式（7-30）代入式（4-33）得：

$$\tau = \varphi^{\frac{D_t-1}{D_v-3}} \tag{7-31}$$

将式（7-31）代入式（7-28）得到基于孔结构分形模型的有效扩散系数公式，表达式为：

$$D_{cA} = D_c \varphi^{1+\frac{2(D_t-1)}{3-D_v}} \tag{7-32}$$

7.4 长期浸泡模式下的废弃纤维再生混凝土氯离子扩散模型

由前述分析可知，在长期浸泡条件下，在饱和之前废弃纤维再生混凝土中的氯离子在毛细吸附作用随溶液侵入混凝土中，当达到饱和之后，氯离子在浓度差的作用下进行扩散。对于废弃纤维再生混凝土和将其应用到实际结构体系来说，对氯离子扩散的影响因素众多。因此，需考虑各影响因素建立适用于废弃纤维再生混凝土的氯离子侵蚀模型。

7.4.1 影响因素及模型建立

在应用 Fick 第二定律描述氯离子扩散行为时的假设条件与实际情况有所不同，两者之间的区别列于表 7-1 中。综合考虑，从混凝土材料本身对氯离子侵蚀的影响（再生骨料和废弃纤维）、氯离子结合能力、时变性三个角度以 Fick 第二定律为基础，建立适用于废弃纤维再生混凝土的氯离子侵蚀模型。

模型假设与实际应用的区别 表 7-1

Fick 第二定律假设	废弃纤维再生混凝土中的应用
氯离子扩散系数为常数（各向均质）	再生骨料和废弃纤维的加入，在硬化和使用过程中存在结构微缺陷
氯离子与混凝土不发生反应	氯离子在输运过程中与混凝土发生结合与吸附
一维扩散，表面氯离子浓度为常数	表面氯离子含量具有时变性

（1）再生骨料取代率和废弃纤维体积掺入量

由于废弃纤维再生混凝土中的材料组成复杂，因此采用基于孔结构的分形模型来表征各材料组成对氯离子侵蚀模型的影响，已在 7.3 节对模型的建立进行了详细的阐述。

（2）氯离子结合能力

根据 6.6 节的研究成果可知，在废弃纤维再生混凝土中，自由氯离子和总氯离子含量呈明显的线性关系，在实际工程设计和耐久性能计算时可以忽略再生骨料取代率和废弃纤维体积掺入量对氯离子结合能力的影响。因此，此处仅考虑自由氯离子的输运模型，模型建立不考虑氯离子的结合能力。

（3）时间对氯离子含量的影响

扩散系数是描述抗氯离子侵蚀性能的一个重要指标。通常，通过 Fick 第二扩散定律解析解计算的非稳态扩散系数——表观扩散系数 $D_{c,app}$，可以综合体现阴、阳离子的不同传输速率对氯离子扩散的影响，也是学者们用于表述抗氯离子侵蚀性能应用最为广泛的扩散系数。

通过式（7-17）对第 6 章的试验数据计算各试件的表观扩散系数 $D_{c,app}$，根据文献 [206]、[207]，用各相邻层扩散系数的平均值作为表观扩散系数 $D_{c,app}$。采用数学软件 Matlab 中的符号计算命令 syms 对公式中的变量进行赋值，然后构建符号表达式，进行编程计算式（7-17）中的表面氯离子含量 C_s 及扩散系数 D，计算结果列于表 7-2 中。

长期浸泡下各试件的 $D_{c,appp}$（$\times 10^{-13} m^2/s$）　　　　　　表 7-2

时间	NC	FC-0.08	RC50	FRC50-0.08	FRC100-0.08	FRC50-0.12	FRC50-0.16
30d	5.453	5.2709	10.1281	12.2722	13.5969	9.3359	14.1571
60d	4.8746	4.6745	8.3651	6.9755	9.748	6.2328	10.0844
90d	3.773	4.0216	7.1157	5.3879	8.8203	3.781	7.2001

由表 7-2 可知，长期浸泡条件下所有试件的表观扩散系数 $D_{c,app}$ 均随着侵蚀时间的增加而减小。扩散系数随着时间进程的推进而产生衰减趋势的主要原因为，氯离子在向混凝土内部扩散过程中，混凝土内的胶凝材料不断地进行水化作用以及氯离子结合作用，这些作用不断生成的产物改善了混凝土内部的孔隙结构。由此可知，再生混凝土和废弃纤维再生混凝土的氯离子扩散系数并不是一个恒定值，而是随着时间的增长而衰减的，氯离子的扩散系数具有时变效应。

Takewake 等首先提出氯离子扩散系数随着时间发生变化，并给出了拟合关系式。随着研究的深入，Mangat 通过对大量的试验数据进行拟合，并对模型进行了修正，采用幂函数方程式表征氯离子扩散系数的时变效应，得到随着时间 t 的混凝土氯离子扩散系数 D_c (t) 模型：

$$D_c(t) = D_{c0}(t_0/t)^m \tag{7-33}$$

式中，D_{c0} 为浸泡 t_0 天时的氯离子扩散系数，m 为衰减系数。对表 7-2 中的数据，应用式（7-33）进行拟合可计算各试件的衰减系数，结果列于表 7-3 中。

长期浸泡情况下的衰减系数　　　　　　表 7-3

衰减系数	NC	FC-0.08	RC50	FRC50-0.08	FRC100-0.08	FRC50-0.12	FRC50-0.16
m	0.2858	0.2255	0.3084	0.6680	0.4185	0.6563	0.5795

由表 7-3 中的数据可知，不同的设计变量对衰减系数影响不大。该结论与文献 [209] 相同，衰减系数是一个与水灰比相关性较大的经验系数。不同设计变量对衰减系数的影响如图 7-4 所示，不同废弃纤维掺入量对衰减系数的影响程度小于再生骨料取代率。

（4）表面氯离子含量

表面氯离子含量是氯离子沿扩散方向迁移的主要驱动力，为氯离子扩散模型的边界条件。目前，混凝土表面氯离子含量的测定主要采用两种方法：一是，用实测值作为模型中的表面氯离子含量，但是在实际的氯盐环境中，表面氯离子含量并不是一个恒定值，它实际是一个随着时间变化而变化并在时间累积到足够长时达到稳定的变量。因此，采用表面

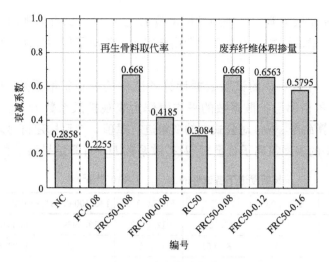

图 7-4　不同设计变量对衰减系数的影响

氯离子实测值作为边界条件，存在氯离子含量模型解与实测值拟合程度不高的问题。另一种是考虑时间的影响，将实测表面氯离子含量与时间进行拟合，采用拟合关系式来表示模型中的混凝土表面氯离子含量。拟合方法分为按照 Fick 第二定律拟合和回归公式拟合。

目前已有大量学者选用回归拟合公式的方法对表面氯离子浓度进行研究，并取得了一些成果，这些成果都是针对普通混凝土的，现将对是否适用于废弃纤维再生混凝土进行验证。表面氯离子含量根据第 6 章的长期浸泡情况下，取 4mm 深度处自由氯离子含量试验数据。图 7-5 中为将已有的模型与废弃纤维再生混凝土试件 FRC50-0.12 的数据进行拟合的拟合曲线。

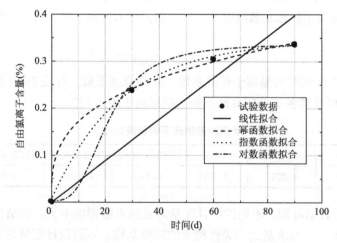

图 7-5　试件 FRC50-0.12 试验数据拟合曲线

图 7-5 的拟合结果列于表 7-4 中。在表 7-4 中，C_0 为拟合氯离子浓度（%），k、n 为无量纲系数。由图 7-5 和表 7-4 的结果可知，线性函数型拟合程度较低，幂数函数型、指数函数型和对数函数型对废弃纤维再生混凝土 FRC50-0.12 拟合较好，相关性系数均在 0.95 以上。幂数函数型中，表明自由氯离子含量 C_s 对时间 t 的敏感性过高，随着时间的增加，后期 C_s 值偏大。对数函数型中，无法考虑初始状态，只适用于 $t>0$ 的阶段。相比

较之下，指数型更加合理和实用，较好的表征稳定之后的表面氯离子含量。

FRC50-0.12 拟合结果 表 7-4

函数类型	表达式	拟合结果	R^2 值
线性函数	$C_s = kt$	$k = 0.0044$	0.8343
幂数函数	$C_s = kt^n$	$k = 0.0824$ $n = 0.3143$	0.9857
指数函数	$C_s = C_0(1 - e^{-rt})$	$C_0 = 0.3431$ $r = 0.03842$	0.9976
对数函数	$C_s = C_0 + k\ln t$	$C_0 = 0.0902$ $k = 0.0682$	0.9985

文献 [202] 中，提出了考虑初始氯离子浓度的模型：

$$C_s = C_{s0} + C_{smax}(1 - e^{-rt}) \tag{7-34}$$

式中，C_{s0} 为初始时刻的表面自由氯离子含量（%），C_{smax} 为稳定后的表面自由氯离子含量（%），r 为表征氯离子累积速率的无量纲系数。

但是，在初始时刻表面氯离子含量较小，因此给测量的准确性带来困难，综合考虑，使用文献 [124]、[201] 提出的不考虑初始时刻的指数型模型：

$$C_s = C_{smax}(1 - e^{-rt}) \tag{7-35}$$

对各试件在长期浸泡情况下表面氯离子含量按照式（7-35）进行拟合，结果列于表 7-5，各试件的拟合相关性系数均在 0.95 以上，拟合度较好。

长期浸泡情况下各试件拟合结果 表 7-5

拟合项	NC	FC-0.08	RC50	FRC50-0.08	FRC50-0.12	FRC50-0.16	FRC100-0.08
C_{smax}	0.3458	0.3456	0.3563	0.3200	0.3432	0.3609	0.3941
r	0.0165	0.0187	0.0412	0.0491	0.0384	0.0567	0.0805
R^2	0.9644	0.9989	0.9969	0.9984	0.9976	0.0944	0.9953

综合考虑时间因素、再生骨料取代率、废弃纤维体积掺入量以及表面氯离子含量，以 Fick 第二定律的式（7-15）为基础，建立在氯离子长期浸泡情况下，含有孔结构分形特征的混凝土氯离子扩散数学模型：

$$\frac{\partial C}{\partial t} = \left[D_{c,app} \varphi^{1 + \frac{2(D_t - 1)}{3 - D_v}} \cdot \left(\frac{t_0}{t}\right)^m \right] \frac{\partial^2 C}{\partial x^2} \tag{7-36}$$

模型的初始条件和边界条件为：

$$\begin{cases} \text{初始条件} \quad C(x, 0) = 0 \\ \text{边界条件} \quad C(0, t) = C_{smax}(1 - e^{-rt}); \ C(l, t) = 0 \end{cases} \tag{7-37}$$

7.4.2 模型 Crank-Nicolson 型差分格式的 MATLAB 实现

由式（7-36）和式（7-37）可知，建立的氯离子扩散方程形式为偏微分方程，采用差分格式中的"Crank-Nicolson"进行数值求解，该格式需对求解的变量进行离散处理，将离散点作为网格节点。以 x 轴表示氯离子侵入混凝土的深度，以 t 轴表示侵入时间，建立空间—时间步长（$x-t$ 坐标）函数。

将连续定解区域用离散点构成网格，取正整数 M、N，定义网格 $\Omega_{h\delta}=\Omega_h\times\Omega_\delta$ 其中，

$$\begin{cases} \Omega_h=\{x_i\,|\,x_i=ih,\ i=0,\ 1,\ 2,\ L,\ M\} \\ \Omega_\tau=\{t_k\,|\,t_k=k\delta,\ k=0,\ 1,\ 2,\ L,\ N\} \end{cases} \tag{7-38}$$

式中，h 为空间步长，δ 为时间步长。网格划分如图 7-6 所示。

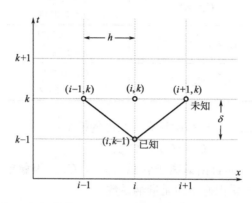

图 7-6　离散点网格划分

利用 $C(x,t)$ 关于 t 的后差商，和关于 t 的二阶中心差商：

$$\begin{cases} \dfrac{\partial C}{\partial t}\approx\dfrac{C_i^k-C_i^{k-1}}{\delta} \\ \dfrac{\partial^2 C}{\partial x^2}\approx\dfrac{C_{i+1}^k-2C_i^k+C_{i-1}^k}{h^2} \end{cases} \tag{7-39}$$

将式（7-39）带入式（7-36）中，则有：

$$\begin{cases} \dfrac{C_i^k-C_i^{k-1}}{\tau}=\left[D_c\varphi^{1+\frac{2(D_t-1)}{3-D_v}}\cdot\left(\dfrac{t_0}{t}\right)^m\right]\dfrac{C_{i+1}^k-2C_i^k+C_{i-1}^k}{h^2} \\ r=D_c\varphi^{1+\frac{2(D_t-1)}{3-D_v}}\cdot\left(\dfrac{t_0}{t}\right)^m\dfrac{\delta}{h^2} \end{cases} \tag{7-40}$$

整理式（7-40）可以得到：

$$(2r+1)C_i^k-rC_{i-1}^k-rC_{i+1}^k=C_i^{k-1} \tag{7-41}$$

转化为矩阵模式为：

$$\begin{bmatrix} 2r+1 & -r & & & \\ -r & 2r+1 & -r & & \\ & \ddots & \ddots & \ddots & \\ & & -r & 2r+1 & -r \\ & & & -r & 2r+1 \end{bmatrix}_{(M-1)\times(M-1)} \cdot \begin{Bmatrix} C_1^k \\ C_2^k \\ \vdots \\ C_{M-2}^k \\ C_{M-1}^k \end{Bmatrix} = \begin{Bmatrix} C_1^{k-1}+rC_0^k \\ C_2^{k-1} \\ \vdots \\ C_{M-2}^{k-1} \\ C_{M-1}^{k-1}+rC_M^k \end{Bmatrix} \tag{7-42}$$

边界条件转化为：

$$\begin{cases} \text{初始条件} \qquad C_i^0=0 \\ \text{边界条件} \quad C_0^k=C_{s\max}(1-e^{-rt_k})\ ;\ C_l^k=0 \end{cases} \tag{7-43}$$

此差分格式为无条件稳定式，由式（7-42）可以看出是典型的对角线方程，可用追赶法进行求解。追赶法计算的基本原理为，设对角线方程组 $Ax=f$：

$$A=\begin{bmatrix} b_1 & c_1 & & & \\ a_2 & b_2 & c_2 & & \\ & \ddots & \ddots & \ddots & \\ & & a_{n-1} & b_{n-1} & c_{n-1} \\ & & & a_n & b_n \end{bmatrix} \quad x=\begin{Bmatrix} x_1 \\ x_2 \\ \vdots \\ x_{n-1} \\ x_n \end{Bmatrix} \quad f=\begin{Bmatrix} f_1 \\ f_2 \\ \vdots \\ f_{n-1} \\ f_n \end{Bmatrix} \quad (7\text{-}44)$$

将系数 A 作 Doolittle 分解 $A=LU$，L 为主对角元素为 1 的单位下角阵，U 为上角阵。对角方程组可以等价为解两个方程组：$Ly=f$，求解 y；$Ux=y$，求解 x。设 $\{\beta_i\}$，其中 $\beta_1=c_1/b_1$，$\beta_i=c_i/(b_i-a_i\beta_{i-1})$，$i=2,3,\cdots,n-1$。

解 $Ly=f$：$y_1=f_1/b_1$，$y_i=(f_i-a_iy_{i-1})/(b_i-a_i\beta_{i-1})$，$i=2,3,\cdots,n$。

解 $Ux=y$：$x_n=y_n$，$x_i=y_i-\beta_ix_{i+1}$，$i=n-1,n-2,\cdots,1$。

其中，求 $\beta_1\rightarrow\beta_2\rightarrow\cdots\rightarrow\beta_{n-1}$ 和 $y_1\rightarrow y_2\rightarrow\cdots\rightarrow y_n$ 的过程为"追"的过程，相当于消元的过程；计算方程解 $x_n\rightarrow x_{n-1}\rightarrow\cdots\rightarrow x_1$ 的过程为"赶"的过程，相当于回代的过程。

采用"追-赶"的消元和回带的过程便可计算氯离子的扩散模型，模型中建立的长度为 24mm，共分为 12 份，每份步长 $h=2$mm；时间取 90d，分为 90 份，时间步长为 $\delta=1$d。

7.4.3 模型验证

以试件 NC、RC50、FRC50-0.12 为例对模型进行验证。采用 Crank-Nicolson 型差分格式计算的数值计算值和试验数据进行对比，如图 7-7 所示。

图 7-7 中，各试件在不同浸泡时间下数值计算值和试验值拟合程度较好，其中 90d 的拟合程度最高，在长期浸泡模式下，氯离子主要通过浓度梯度作为驱动力向混凝土内部扩散，随着时间的增长，氯离子在废弃纤维再生混凝土的基体中的扩散趋于稳定。

从各试件的自由氯离子含量—深度—时间的三维图可以看出，在相同深度下，自由氯离子含量随着时间增加而增加，最后趋向于平稳；在相同的时间下，自由氯离子含量随着深度的增加而减小，最后趋向于恒定。

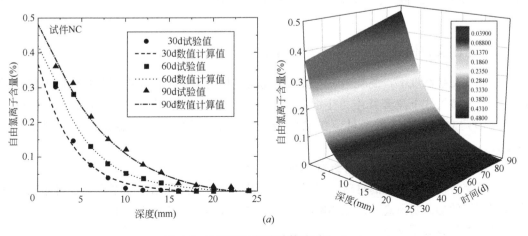

图 7-7 试验值和数值计算值对比（一）

（a）NC

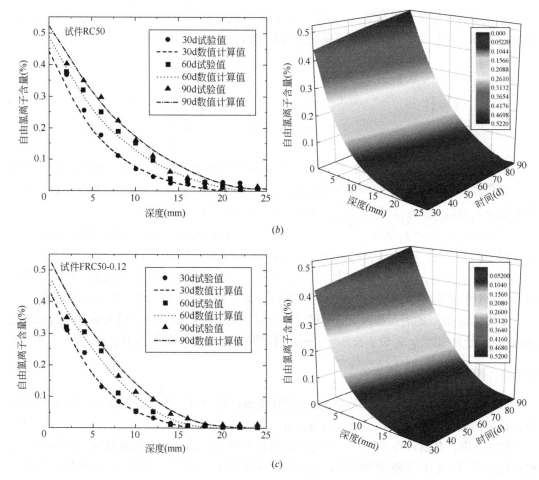

图 7-7 试验值和数值计算值对比（二）

（b）RC50；（c）FRC50-0.12

7.5 干湿交替模式下的氯离子扩散模型

7.5.1 干湿交替模式的影响因素及模型建立

在干湿交替制度下，混凝土中的氯离子输运过程的实质是：非饱和多孔介质的输运问题。干湿交替模式下废弃纤维再生混凝土的氯离子输运模型仍以 Fick 第二定律为基础，对 7.4 节建立的长期浸泡条件下扩散模型进行修正，建立干湿交替制度下氯离子输运模型。

（1）再生骨料取代率和废弃纤维体积掺入量

干湿交替模型中考虑的材料因素仍采用基于分形理论的孔结构模型来表征再生粗骨料和废弃纤维的掺入对氯离子性能的影响，孔结构的分形模型详见 7.3 节。

（2）峰值氯离子含量

峰值氯离子形成的主要原因为干湿交替的制度，干湿交替情况下氯离子扩散示意图如

图 7-8 所示。表层氯离子峰值的形成是对流和扩散两种作用的耦合结果，而在长期浸泡情况下，表层区不存在离子的对流作用，因此不会形成局部的氯离子峰值，表现出的是显著的扩散特征。

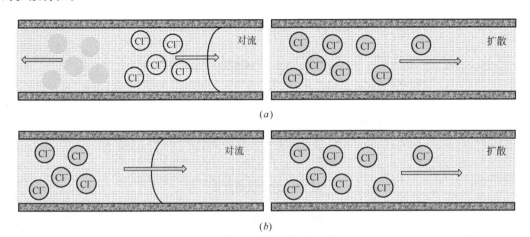

图 7-8　干湿交替情况下氯离子传输示意图
(a) 干燥过程；(b) 湿润过程

湿润→干燥过程：图 7-8 (a) 所示，在蒸发作用下混凝土中的孔隙液由内向外迁移，但蒸发作用有限，仅对浅层的孔隙饱和度产生影响，而在较深处基本不会发生改变。在表层区域，对流作用的贡献远远高于扩散作用，对流的方向与氯离子浓度扩散方向相反，氯离子在孔隙液渗流的作用下在混凝土表层发生定向迁移。因此，混凝土表层处的氯离子在孔隙液蒸发作用和表层氯离子对流作用下产生累积，随着干湿交替次数的增加氯离子积累的含量逐渐增加，从而在一定深度处形成一个氯离子含量的峰值。

干燥→湿润过程：图 7-8 (b) 所示，外界氯离子通过对流作用快速地从表面渗入混凝土内部，增加了表层处的氯离子含量，形成新的浓度梯度。氯离子在浓度梯度作用下，以扩散的形式进入混凝土内部。当进入下一个干燥阶段后，表层和内部的氯离子含量都进一步提高，从而使氯离子含量的峰值更加明显。

综上所述，峰值氯离子含量是对流区以外氯离子扩散的主要动力。根据试验数据，试件稳定后的峰值氯离子含量仍符合指数模型 [式（7-35）]，拟合结果列于表 7-6 中，其中，C_{pmax} 为稳定后的峰值氯离子含量，r 为氯离子的累积速率。各试件的 R^2 值均在 0.9 以上，干湿交替的情况下氯离子扩散模型的边界条件为峰值氯离子含量的计算模型。

干湿交替情况下各试件拟合结果 表 7-6

拟合项	NC	FC-0.08	RC50	FRC50-0.08	FRC50-0.12	FRC50-0.16	FRC100-0.08
C_{pmax}	0.3724	0.3572	0.4397	0.3794	0.3861	0.4920	0.4341
r	0.0892	0.0812	0.0468	0.0563	0.0532	0.0637	0.0380
R^2	0.9902	0.9426	0.9563	0.9738	0.9099	0.9994	0.9142

（3）对流区深度

干湿交替过程中，混凝土的浅层区域称为"对流区"，对流区的输运机制为对流和扩散作用的耦合，对流区的示意图如图 7-9 所示。

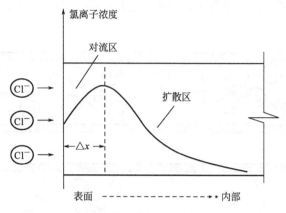

图 7-9　对流区示意图

从干湿交替制度下自由氯离子含量的典型曲线可知，曲线呈先增长后下降的两段式分布，曲线增长区为对流区，曲线的峰值点位峰值氯离子。对于对流区的深度已有大量国内外学者展开了研究，为简化计算，通常认为混凝土表层的对流区深度是定值，或者随时间变化不明显。在实际项目中，通过现场采样测量后认为对流区深度 Δx 通常在 $10\sim20\text{mm}$ 之间，并且不会超过 20mm。欧洲规范[218] 规定实际工程中，对流区深度约为 14mm，我国规范[219] 认为对流区深度约为 10mm。而在室内试验和高强混凝土中，对流区深度 Δx 通常在 $2.5\sim7.5\text{mm}$ 之间，通过本试验数据可知，各试件的对流区深度在 $4\sim6\text{mm}$ 之间，为了简化计算，此处 Δx 取 5mm。

式（7-17）适用于干湿交替情况下为：

$$C(x,\ t)=C_s\left[1-erf\left(\frac{x-\Delta x}{2\sqrt{D_{c,\text{app}}t}}\right)\right] \tag{7-45}$$

仍采用软件 Matlab 中的符号计算命令 syms 对公式中的变量进行赋值，编程计算式（7-45）中的表面氯离子含量 C_s 及扩散系数 $D_{c,\text{app}}$，计算结果列于表 7-7 中。对比表 7-7 和表 7-2 可知，干湿交替情况试件的 $D_{c,\text{app}}$ 小于完全浸泡的情况，这是由于完全浸泡情况下氯离子主要在扩散作用下输运到混凝土内部，而干湿交替情况下氯离子是在对流和扩散耦合作用下进行输运的，扩散作用不是主导动力。

干湿交替情况下各试件的 $D_{c,\text{app}}/$（$\times10^{-13}\text{m}^2/\text{s}$）　　　　表 7-7

次数	NC	FC-0.08	RC50	FRC50-0.08	FRC100-0.08	FRC50-0.12	FRC50-0.16
6 次	5.611	5.0396	11.0946	8.4805	12.1322	6.8409	12.7328
12 次	4.8529	4.0111	8.5428	4.9573	9.7584	3.9298	9.0566
18 次	3.2057	3.3305	7.4732	3.8802	5.9009	3.2205	6.5604

（4）干湿交替次数

干湿交替次数对氯离子输运的影响实质上等同于时间对氯离子输运产生的影响，是时间因素的另一种表达形式。因此，干湿交替次数在式（7-33）的基础上，仍采用幂函数方程表示氯离子输运的时变效应：

$$D_c(N) = D_{c0}(N_0/N)^m \tag{7-46}$$

式中，D_{c0} 为干湿交替次数 N_0 次时的氯离子扩散系数，m 为衰减系数。

各试件在干湿交替情况下的衰减系数列于表 7-8 中。干湿交替情况下各试件的衰减系数变化规律与长期浸泡情况下相同。

干湿交替情况下的衰减系数						表 7-8
衰减系数	NC	FC-0.08	RC50	FRC50-0.08	FRC100-0.08	FRC50-0.12	FRC50-0.16
m	0.3241	0.3634	0.3546	0.7296	0.5587	0.7182	0.5717

不同设计变量对衰减系数的影响如图 7-10 所示。在干湿交替作用下，废弃纤维体积参量对衰减系数的影响较小。再生骨料取代在一定程度上影响了衰减系数，主要是由于再生粗骨料的加入，在一定程度上吸收了拌合水，从而影响了水泥基体的水灰比。

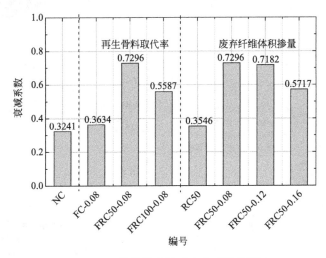

图 7-10 不同设计变量对衰变系数的影响

综合再生骨料取代率、废弃纤维体积掺入量、干湿交替次数、对流区深度，以及峰值氯离子含量，在氯离子长期浸泡情况下的氯离子扩散模型式（7-36）和式（7-37）的基础上，建立了干湿交替情况下氯离子扩散数学模型：

$$\frac{\partial C}{\partial t} = \left[D_{c,\text{app}} \varphi^{1+\frac{2(D_t-1)}{3-D_v}} \cdot \left(\frac{N_0}{N}\right)^m \right] \frac{\partial^2 C}{\partial x^2} \tag{7-47}$$

模型的初始条件和边界条件为：

$$\begin{cases} 初始条件 \qquad C(x, 0) = 0 \\ 边界条件 \quad C(0, t) = C_{p\max}(1 - e^{-rt}) ; \; C(l, t) = 0 \end{cases} \tag{7-48}$$

7.5.2 模型验证

模型仍采用 Crank-Nicolson 型差分格式进行数值求解，该格式的求解方式可以达到二阶精度。以试件 NC、RC50、FRC50-0.12 为例对模型进行验证。该模型在建立时，以 x 轴表示氯离子扩散深度，两轴均做离散化处理。取长度为 24mm 的一维模型，共分为 12

份，长度步长为 $h=2mm$；时间取 90d，共分为 18 份，时间步长 $\delta=5d$。其余计算方法与长期浸泡条件下氯离子扩散模型的计算方法相同。试验数据和数值计算值的对比如图 7-11 所示。

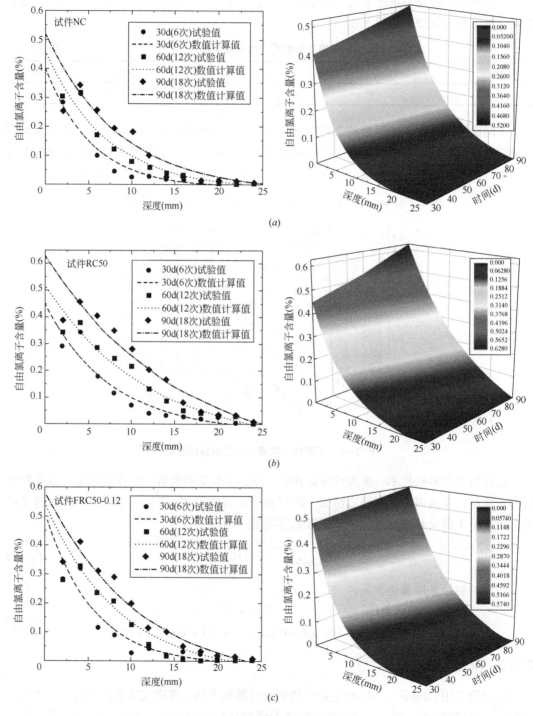

图 7-11 试验值和计算值对比

(a) NC；(b) RC50；(c) FRC50-0.12

图 7-11 中试验值和计算值在扩散区拟合程度较好，其中当干湿交替次数为 18 次时拟合程度最高。在试件内部，拟合值略高于试验值，这主要是由于模型中的氯离子扩散驱动力为峰值氯离子，而峰值氯离子的深度与试验尺度相关，因此随着深度的增加逐渐出现偏差。综上所述，考虑材料因素、峰值氯离子含量、对流区深度、干湿交替次数建立的氯离子扩散模型是可行的。

从各试件的自由氯离子含量—深度—时间的三维图可以看出，与长期浸泡下的氯离子扩散模型结论相同，在相同深度下，自由氯离子含量随着时间的增加而增加，最后趋向于平稳；在相同的时间下，自由氯离子含量随着深度的增加而减小，最后趋向于恒定。

7.6 本章小结

本章在 Fick 第二定律的基础上建立了长期浸泡和干湿交替两种情况下废弃纤维再生混凝土的氯离子扩散模型，模型考虑的主要因素包括：材料特点、侵蚀时间、表面氯离子含量等因素。材料特点基于孔结构的分形特征建立，实现了多尺度的分析。该模型为废弃纤维再生混凝土结构耐久性的研究提供依据。主要结论有：

（1）应用细观参数孔结构的分形维数表征了宏观上再生粗骨料取代率和废弃纤维体积掺入量对氯离子扩散性能的影响，并以此为基础建立了废弃纤维再生混凝土的有效氯离子扩散系数。

（2）考虑材料特点、侵蚀时间、表面氯离子含量的时变性等因素，在 Fick 第二定律的基础上得到了适用于长期浸泡条件下的废弃纤维再生混凝土氯离子扩散模型。扩散模型通过差分格式"Crank-Nicolson"进行计算后的计算值与试验值吻合度较高。

（3）考虑材料因素、对流区深度、峰值氯离子和干湿交替次数等因素，在长期浸泡条件下废弃纤维再生混凝土氯离子扩散模型的基础上建立了干湿交替情况下的氯离子扩散模型。在试件内部，拟合值略高于试验值，主要因为峰值氯离子的出现深度与试验尺度相关。

8　结论和展望

8.1　结论

废弃纤维再生混凝土为采用废弃的地毯纤维作为再生混凝土的增强纤维，其"以废治废"的理念，符合建筑产业的发展方向。本文采用室内试验、理论分析和数值计算等方法研究了废弃纤维再生混凝土的细观孔结构和抗氯离子侵蚀性能。主要结论为：

（1）根据再生粗骨料和废弃纤维的材料基本性能，提出了适用于废弃纤维再生混凝土的配合比和制备方法。进行了废弃纤维再生混凝土力学性能试验，随着再生骨料取代率的增加，废弃纤维再生混凝土的抗压强度减小，再生骨料取代率对抗压强度的影响程度高于废弃纤维体积掺量。抗压强度存在尺寸效应，当再生骨料取代率为50％，废弃纤维体积掺入量为0.12％时，废弃纤维再生混凝土的抗压强度尺寸效应最小。随着再生骨料取代率的增加，劈裂抗拉强度减小，加入废弃纤维后，劈裂抗拉强度有较大的提高。加入废弃纤维的试件劈裂断面裂纹发展更曲折，随着废弃纤维体积掺量增加，劈裂抗拉尺寸效应表现出先减小后增大的趋势。

（2）废弃纤维再生混凝土的水化产物与普通混凝土相同，其中凝胶体和晶体的相对含量对废弃纤维再生混凝土 ITZ 的强度具有重要影响，而复杂 ITZ 结构是造成废弃纤维再生混凝土性能劣于普通混凝土的主要原因。ITZ 内的水化产物结晶程度高、晶体尺寸较大，因此孔隙率较水泥石基体高。废弃纤维可以穿过部分孔隙，将大孔细化为小孔，甚至将其阻塞，起到了改善混凝土内部孔结构及阻止裂缝发展的作用。从细观形貌角度，采用"多尺度"的研究方法，解析了废弃纤维再生混凝土的宏观强度性能。

（3）废弃纤维再生混凝土的孔径按照影响耐久性能的程度进行分类：多害孔（＞200nm）、有害孔（100nm～200nm）、少害孔（20nm～100nm）、无害孔（＜20nm）。再生粗骨料和废弃纤维的加入主要改变了多害孔和有害孔的比例，对少害孔和无害孔分布影响较小。孔的特征参数可以单一的用来描述废弃纤维再生混凝土的某一方面性能。

（4）采用分形理论结合废弃纤维再生混凝土的孔结构特点，建立了孔结构的分形维数模型。各试件的孔结构具有明显的分形特征，孔体积分形维数在2～3之间，随着再生骨料取代率的增加孔体积分形维数降低，细观上表现为孔结构复杂程度的降低，宏观上表现为密实度、耐久性、抗压强度的降低。孔曲折度分形维数在1～2之间，与孔体积分形维数呈良好的线性关系。抗压强度与孔体积分形维数呈线性关系，劈裂抗拉强度随着孔体积分形维数的增加而增大。

（5）再生混凝土抗氯离子侵蚀能力较普通混凝土差，随着再生骨料取代率增加，试件抗氯离子侵蚀能力变小。掺入废弃纤维能够提高再生混凝土抗氯离子侵蚀能力，最佳体积掺入量为0.12％。长期浸泡模式下，各试件的氯离子浓度随着侵蚀深度的增大单调减小，氯离子主要的侵蚀模式为：扩散作用。干湿交替模式下，试件内的氯离子含量随着深度的增加先增后减，曲线存在明显峰值，以峰值为界限分为"对流区"和"扩散区"，干湿交替作用对不同再生骨料取代率试件中的氯离子含量作用更灵敏。

（6）随着浸泡时间的增加，氯离子含量增大，但是增大幅度逐渐减小。废弃纤维再生混凝土中的凝胶生成物和废弃纤维都对氯离子具有一定的结合和吸附作用，试验数据表明自由氯离子含量与总氯离子含量呈强线性相关。本结论中，代表氯离子结合能力的系数 b 的精确度为 0.001，因此在实际工程和耐久性能设计时可以忽略再生骨料取代率和废弃纤维体积掺入量对氯离子结合能力的影响。

（7）考虑材料特点、侵蚀时间、表面氯离子含量的时变性等因素，在 Fick 第二定律的基础上建立了基于孔结构细观特征的、适用于长期浸泡和干湿交替条件的废弃纤维再生混凝土氯离子扩散模型。模型中再生骨料取代率和废弃纤维体积掺入量用细观分形参数表示，从细观参数角度，采用"多尺度"的研究手段研究了废弃纤维再生混凝土宏观氯离子扩散性能。扩散模型通过差分格式"Crank-Nicolson"进行计算后的计算值与试验值吻合度较高。模型可以用于废弃纤维再生混凝土中氯离子含量的预测。

8.2 创新点

（1）基于分形理论研究了废弃纤维再生混凝土的孔结构，采用分形维数对孔的空间分布、粗糙程度、曲折度等进行整体的、定量的描述。解决了统计学角度采用孔的特征参数分析孔结构存在局限性的问题。

（2）废弃纤维再生混凝土宏观上表现出来的性能都是由其细观结构决定的，本研究从"多尺度"角度，采用细观形貌和细观参数解析了废弃纤维再生混凝土在宏观尺度上表现出来的强度性能和耐久性能。

（3）采用孔结构分形模型建立的细观参数表征了宏观上再生粗骨料取代率、废弃纤维体积掺入量对氯离子扩散情况的影响，并以此为基础提出了适用于废弃纤维再生混凝土的有效氯离子扩散模型。为废弃纤维再生混凝土的耐久性能评价提供理论依据。

8.3 展望

废弃纤维再生混凝土作为一种新兴的绿色材料，其细观力学性能、耐久性能的研究是一个漫长而艰巨的道路。结合本文的研究内容，在今后的研究中还应注意以下几点：

（1）目前，废弃纤维再生混凝土的研究仍处于试验室阶段，废弃纤维的获得途径为废弃的丙纶地毯，经人工拆分后进行使用，如若推广废弃纤维再生混凝土应用到实际工程中就必须要解决废弃纤维的工业化生产问题。应从废弃纤维的种类、回收方案、制备方法等角度进行更加深入的思考。

（2）再生骨料性能劣于天然骨料的主要原因为老旧砂浆的存在造成吸水率高和复杂的界面结构，本文采用的制备方法从经济性和适用性角度出发，允许了再生粗骨料复杂界面的存在，只考虑了吸水率高的问题。复杂界面的研究仍是未来重点、热点。

（3）建立合理、真实的废弃纤维分布模型是在细观尺度上研究废弃纤维再生混凝土耐久性能的另一重要因素。废弃纤维在混凝土中错综复杂的分布形态影响着废弃纤维再生混凝土的各项性能。科技的发展使观测纤维在水泥基体中的真实分布形态成为可能，而不是仅仅停留在理论分析阶段。

（4）目前，学者们对废弃纤维再生混凝土耐久性能的研究成果有限，本文的研究成果可以为后续研究提供参考。由于干湿交替制度没有明确的规范要求且与环境因素密切相关，因此研究结论缺乏相关对比，仍有待深入。另外，在真实大气环境中，混凝土构件不仅仅只受到氯离子侵蚀作用，研究复杂环境下废弃纤维再生混凝土的耐久性能是十分必要的。

附录　主要符号说明

D_s	相似分形维数
D_b	盒分形维数
D_L	面分形维数
D_V	体积分形维数
D_t	曲折度分形维数
ε	相对测量尺度
τ	孔的曲折度
L_0	沿着流动方向有效孔隙的直线长度（nm）
L_t	有效孔隙的实际长度（nm）
φ	孔隙率（%）
p	相对孔隙率（%）
r	毛细孔半径（nm）
P	施加给汞的压力（MPa）
C_A	总氯离子含量（%）
C_w	自由氯离子含量（%）
C_r	结合氯离子含量（%）
C_s	表面氯离子含量（%）
C_0	扩散开始时距混凝土表面 x 处的氯离子含量（%）
C_{s0}	初始时刻的表面自由氯离子含量（%）
C_{smax}	稳定后的表面自由氯离子含量（%）
C_{pmax}	稳定后的峰值氯离子含量（%）
t	时间（天）
m	衰减系数
D_c	扩散系数（m²/s）
D_{cA}	有效的扩散系数（m²/s）
$D_{c,app}$	表观扩散系数（m²/s）

参考文献

[1] 兰聪，卢佳林，陈景，等. 我国建筑垃圾资源化利用现状及发展分析 [J]. 商品混凝土，2017，(9)：23-25.

[2] 陈家珑. 我国建筑垃圾资源化利用现状与建议 [J]. 建设科技，2014 (1)：8-12.

[3] Bossink B A G, Brouwers H J H. Construction waste: quantification and source evaluation [J]. Journal of Construction Engineering & Management，1996，122 (1)：55-60.

[4] 王罗春，赵由才. 建筑垃圾处理与资源化 [M]. 北京：化学工业出版社，2004.

[5] Gursel A P, Masanet E, Horvath A, et al. Life-cycle inventory analysis of concrete production: A critical review [J]. Cement & Concrete Composites，2014，51：38-48.

[6] Li Y T, Zhou L, Zhang Y, et al. Study on long-term performance of concrete based on seawater, sea sand and coral sand [J]. Advanced Materials Research，2013，706-708：512-515.

[7] Limeira J, Agullo L, Etxeberria M. Dredged marine sand in concrete: An experimental section of a harbor pavement [J]. Construction & Building Materials，2010，24 (6)：863-870.

[8] Guo F, Al-Saadi S, Raman R K S, et al. Durability of Fiber Reinforced Polymer (FRP) in Simulated Seawater Sea Sand Concrete (SWSSC) Environment [J]. Corrosion Science，2018，141：1-13.

[9] 周俊龙，欧忠文，江世永，等. 掺阻锈剂掺合料海水海砂混凝土护筋性探讨 [J]. 建筑材料学报，2012，15 (1)：69-74.

[10] 张航，陈国福，宋开伟，等. 适用于海水海砂混凝土阻锈剂的作用机理 [J]. 材料导报，2014，28 (20)：116-121.

[11] Dong Z, Wu G, Xu Y. Experimental study on the bond durability between steel-FRP composite bars (SFCBs) and sea sand concrete in ocean environment [J]. Construction & Building Materials，2016，115：277-284.

[12] 肖建庄. 再生混凝土 [M]. 北京：中国建筑工业出版社，2008.

[13] 李秋义，全洪珠，秦原. 混凝土再生骨料 [M]. 北京：中国建筑工业出版社，2011.

[14] Xiao J Z, Li W, Fan Y, et al. An overview of study on recycled aggregate concrete in China (1996-2011) [J]. Construction & Building Materials，2012，31 (6)：364-383.

[15] Poon C S, Chan D. The use of recycled aggregate in concrete in Hong Kong [J]. Resources Conservation & Recycling，2007，50 (3)：293-305.

[16] Kasai Y. Development and subjects of recycled aggregate concrete in Japan [J]. Key Engineering Materials，2006，302-303：13.

[17] 曹万林，巩晓雪，叶涛萍，等. 不同再生骨料取代率的再生混凝土梁受弯性能试验研究 [J]. 自然灾害学报，2017，26 (04)：10-18.

[18] 国家发展改革委. 中国资源综合利用年度报告 [J]. 中国经贸导刊，2014，7 (20)：49-56.

[19] 史晟，戴晋明，牛梅，等. 废旧纺织品的再利用 [J]. 纺织学报，2011，32 (11)：147-152.

[20] 郭燕. 废旧纺织品的回收及再利用 [J]. 再生资源与循环经济，2013，6 (1)：28-30.

[21] Divita L, Dillard B G. Recycling textile waste: an issue of interest to sewn products manufacturers [J]. Journal of the Textile Institute Proceedings & Abstracts，1999，90 (1)：14-26.

[22] 贺锦仪. 我国废旧纺织品回收再利用存在的问题及对策研究 [J]. 再生资源与循环经济，2018，11 (9)：18-21.

[23] 蒋丽萍，程浩南. 废旧纺织品的回收再利用研究 [J]. 化纤与纺织技术，2017，(2)：25-28.

［24］ Tabsh S W，Abdelfatah A S. Influence of recycled concrete aggregates on strength properties of concrete［J］. Construction & Building Materials，2009，23（2）：1163-1167.

［25］ 胡琼，宋灿，邹超英. 再生混凝土力学性能试验［J］. 哈尔滨工业大学学报，2009（4）：33-36.

［26］ 周静海，王凤池，孟宪宏，等. 废弃纤维再生混凝土及构件［M］. 沈阳：东北大学出版社，2014.

［27］ 金伟良，赵羽习. 混凝土结构耐久性［M］. 北京：科学出版社，2002.

［28］ Glasser F P，Marchand J，Samson E. Durability of concrete — degradation phenomena involving detrimental chemical reactions［J］. Cement & Concrete Research，2008，38（2）：226-246.

［29］ Malhotra V M. Durability of Concrete［M］. Michigan：American Concrete Institute，1975.

［30］ 万德友. 我国铁路桥梁病害浅析与对策的探讨［C］. 中国铁道学会桥梁病害诊治及剩余寿命评估学术会，1995.

［31］ Zhan B，Chi S P，Liu Q，et al. Experimental study on CO_2，curing for enhancement of recycled aggregate properties［J］. Construction & Building Materials，2014，67：3-7.

［32］ Mukharjee B B，Barai S V. Influence of nano-silica on the properties of recycled aggregate concrete［J］. Construction & Building Materials，2014，55（2）：29-37.

［33］ 范玉辉，牛海成，张向冈. 纳米 SiO_2 改性再生混凝土试验研究［J］. 混凝土，2017，（7）：92-95.

［34］ 李秋义，李云霞，朱崇绩. 颗粒整形对再生粗骨料性能的影响［J］. 材料科学与工艺，2005，13（6）：579-581.

［35］ Katz A. Treatments for the improvement of recycled aggregate［J］. Journal of Materials in Civil Engineering，2004，16（6）：531-535.

［36］ Akbarnezhad A，Ong K C G，Zhang M H，et al. Microwave-assisted beneficiation of recycled concrete aggregates［J］. Construction & Building Materials，2011，25（8）：3469-3479.

［37］ Wang L，Wang J，Qian X，et al. An environmentally friendly method to improve the quality of recycled concrete aggregates［J］. Construction & Building Materials，2017，144：432-441.

［38］ Kong D，Lei T，Zheng J T，et al. Effect and mechanism of surface-coating pozzalanics materials around aggregate on properties and ITZ microstructure of recycled aggregate concrete［J］. Construction and Building Materials，2010，24（5）：701-708.

［39］ Rahal K. Mechanical properties of concrete with recycled coarse aggregate［J］. Building & Environment，2007，42（1）：407-415.

［40］ Elhakam A A，Mohamed A E，Awad E. Influence of self-healing，mixing method and adding silica fume on mechanical properties of recycled aggregates concrete［J］. Construction & Building Materials，2012，35：421-427.

［41］ Khatib J M. Properties of concrete incorporating fine recycled aggregate［J］. Cement & Concrete Research，2005，35（4）：763-769.

［42］ Kou S C，Poon C S. Mechanical properties of 5-year-old concrete prepared with recycled aggregates obtained from three different sources［J］. Magazine of Concrete Research，2008，60（1）：57-64.

［43］ 李佳彬，肖建庄，黄健. 再生粗骨料取代率对混凝土抗压强度的影响［J］. 建筑材料学报，2006，9（3）：297-301.

［44］ 孙家瑛，蒋华钦. 再生粗骨料特性及对混凝土性能的影响研究［J］. 新型建筑材料，2009，36（1）：30-32.

［45］ 周静海，何海进，孟宪宏，等. 再生混凝土基本力学性能试验［J］. 沈阳建筑大学学报（自然科学版），2010，26（3）：464-468.

［46］ Bairagi N，Ravande K，Pareek V. Behavior of concrete with different proportions of natural and recycled aggregates［J］. Resources Conservation & Recycling，1993，9（1-2）：109-126.

[47] Etxeberria M，Vázquez E，Marí A，et al. Influence of amount of recycled coarse aggregates and production process on properties of recycled aggregate concrete [J]. Cement & Concrete Research，2007，37（5）：735-742.

[48] Rao M C，Bhattacharyya S K，Barai S V. Influence of field recycled coarse aggregate on properties of concrete [J]. Materials & Structures，2011，44（1）：205-220.

[49] Hansen T C，Narud H. Strength of recycled concrete made from crushed concrete coarse aggregate [J]. Concrete International，1983，5（01）：79-83.

[50] 肖建庄，兰阳. 再生混凝土单轴受拉性能试验研究 [J]. 建筑材料学报，2006，9（2）：154-158.

[51] Gómez-Soberón J M V. Porosity of recycled concrete with substitution of recycled concrete aggregate：An experimental study [J]. Cement & Concrete Research，2002，32（8）：1301-1311.

[52] Kou S C，Poon C S，Agrela F. Comparisons of natural and recycled aggregate concretes prepared with the addition of different mineral admixtures [J]. Cement & Concrete Composites，2011，33（8）：788-795.

[53] Ajdukiewicz A，Kliszczewicz A. Influence of recycled aggregates on mechanical properties of HS/HPC [J]. Cement & Concrete Composites，2002，24（2）：269-279.

[54] Yang K H，Chung H S，Ashour A F. Influence of type and replacement level of recycled aggregates on concrete properties [J]. ACI Materials Journal，2008，105（3）：289-296.

[55] Malešev M，Radonjanin V，Marinković S. Recycled concrete as aggregate for structural concrete production [J]. Sustainability，2010，2（5）：1204-1225.

[56] Topçuİ B，Şengel S. Properties of concretes produced with waste concrete aggregate [J]. Cement & Concrete Research，2004，34（8）：1307-1312.

[57] Limbachiya M，Meddah M S，Ouchagour Y. Use of recycled concrete aggregate in fly-ash concrete [J]. Construction & Building Materials，2012，27（1）：439-449.

[58] Casuccio M，Torrijos M C，Giaccio G，et al. Failure mechanism of recycled aggregate concrete [J]. Construction & Building Materials，2008，22（7）：1500-1506.

[59] Duan Z H，Chi S P. Properties of recycled aggregate concrete made with recycled aggregates with different amounts of old adhered mortars [J]. Materials & Design，2014，58（6）：19-29.

[60] 陈宗平，徐金俊，郑华海，等. 再生混凝土基本力学性能试验及应力-应变本构关系 [J]. 建筑材料学报，2013，16（1）：24-32.

[61] Domingo-Cabo A，Lázaro C，López-Gayarre F，et al. Creep and shrinkage of recycled aggregate concrete [J]. Construction and Building Materials，2009，23（7）：2545-2553.

[62] Corinaldesi V. Mechanical and elastic behaviour of concretes made of recycled-concrete coarse aggregates [J]. Construction & Building Materials，2010，24（9）：1616-1620.

[63] Fathifazl G，Razaqpur A G，Isgor O B，et al. Creep and drying shrinkage characteristics of concrete produced with coarse recycled concrete aggregate [J]. Cement & Concrete Composites，2011，33（10）：1026-1037.

[64] 肖建庄，许向东，范玉辉. 再生混凝土收缩徐变试验及徐变神经网络预测 [J]. 建筑材料学报，2013，16（5）：752-757.

[65] Carneiro J A，Lima P R L，Leite M B，et al. Compressive stress-strain behavior of steel fiber reinforced-recycled aggregate concrete [J]. Cement & Concrete Composites，2014，46（4）：65-72.

[66] Liu H，Yang J，Wang X. Bond behavior between BFRP bar and recycled aggregate concrete reinforced with basalt fiber [J]. Construction & Building Materials，2017，135：477-483.

[67] 章文姣，鲍成成，孔祥清，等. 混杂纤维掺量对再生混凝土力学性能的影响研究 [J]. 科学技术与

工程，2016，16（13）：106-112.

［68］ Yin S，Tuladhar R，Shanks R A，et al. Fiber preparation and mechanical properties of recycled poly-propylene for reinforcing concrete ［J］. Journal of Applied Polymer Science，2015，132（16）：41866.

［69］ 陈爱玖，王静，杨粉. 纤维再生混凝土力学性能试验及破坏分析 ［J］. 建筑材料学报，2013，16（2）：244-248.

［70］ Wang Y. Carpet fiber recycling technologies ［J］. Ecotextiles，2007，（1）：26-32.

［71］ Realff M，Ammons J，DavidNewton. Carpet recycling：determining the reverse production system design ［J］. Journal of Macromolecular Science：Part D-Reviews in Polymer Processing，1999，38（3）：547-567.

［72］ Wang Y. Utilization of Recycled Carpet Waste Fibers for Reinforcement of Concrete and Soil ［J］. Recycling in Textiles，1999，38（3）：533-546.

［73］ Wang Y，Wu H C，Li V C. Concrete reinforcement with recycled fibers ［J］. Journal of Materials in Civil Engineering，2000，12（4）：314-319.

［74］ Wu H C，Lim Y M，Li V C，et al. Utilization of Recycled Fibers in Concrete ［J］. International Journal of Adaptive Control & Signal Processing，2010，29（5）：653-670.

［75］ Domski J，Katzer J，Zakrzewski M，et al. Comparison of the mechanical characteristics of engineered and waste steel fiber used as reinforcement for concrete ［J］. Journal of Cleaner Production，2017，158：18-28.

［76］ 周静海，刘子赫，李婷婷，等. 废弃纤维再生混凝土的劈裂抗拉强度试验 ［J］. 沈阳建筑大学学报（自然科学版），2013，29（5）：796-802.

［77］ 周静海，李婷婷，杨国志. 废弃纤维再生混凝土强度的试验研究 ［J］. 混凝土，2013，（3）：1-4.

［78］ Zhou J H，Cheng L，Dong W. Waste fiber recycled concrete performance based on fracture mechanics research ［J］. Applied Mechanics & Materials，2013，387：105-109.

［79］ 周静海，陈平，王凤池，等. 废弃纤维再生混凝土试验与数值模拟 ［M］. 中国建筑工业出版社，2018.

［80］ 周静海，葛峰，康天蓓，王凤池，等. 长期持续荷载下废弃纤维再生混凝土徐变破坏规律研究 ［J］. 硅酸盐通报，2018，37（10）：3317-3321.

［81］ Zhou J H，Lin Q Z，Shu Y C. The finite element analysis of waste fiber recycled concrete column compression performance ［J］. Applied Mechanics & Materials，2015，727-728：269-272.

［82］ 周静海，康天蓓，王凤池，等. 废弃纤维再生混凝土框架中柱节点抗震性能试验研究 ［J］. 振动与冲击，2017，36（2）：235-242.

［83］ Zhou J H，Bai S J，Bian C. Study on beam-end carrying capacity of waste fiber recycled concrete beam-column joints ［J］. Applied Mechanics & Materials，2014，513-517：16-19.

［84］ 周静海，张东，杨永生. 废弃纤维再生混凝土梁受弯性能试验 ［J］. 沈阳建筑大学学报（自然科学版），2013，29（2）：290-296.

［85］ Mehta P K，Monteiro P J M. Concrete：microstructure，properties，and materials ［M］. New Jersey：Prentice-Hall，2013.

［86］ Ollivier J P，Massat M. Permeability and microstructure of concrete：a review of modelling ［J］. Cement & Concrete Research，1992，22（2-3）：503-514.

［87］ Kou S C，Poon C S. Enhancing the durability properties of concrete prepared with coarse recycled aggregate ［J］. Construction & Building Materials，2012，35（10）：69-76.

［88］ Kwan W H，Ramli M，Kam K J，et al. Influence of the amount of recycled coarse aggregate in concrete design and durability properties [J]. Construction & Building Materials，2012，26（1）：565-573.

[89] Evangelista L，De Brito J. Durability performance of concrete made with fine recycled concrete aggregates [J]. Cement and Concrete Composites，2010，32（1）：9-14.

[90] Olorunsogo F T，Padayachee N. Performance of recycled aggregate concrete monitored by durability indexes [J]. Cement & Concrete Research，2002，32（2）：179-185.

[91] Malhotra V M. Use of recycled concrete as a new aggregate [M]. Ottawa：Canada Center for Mineral and Energy Technology，1976.

[92] 崔正龙，大芳贺義喜，北迁政文，等. 再生骨料混凝土耐久性能的试验研究 [J]. 硅酸盐通报，2007，26（6）：1107-1111.

[93] Salem R M，Burdette E G，Jackson N M. Resistance to freezing and thawing of recycled aggregate concrete [J]. Materials Journal，2003，100（3）：216-221.

[94] Oliveira M B D，Vazquez E. The influence of retained moisture in aggregates from recycling on the properties of new hardened concrete [J]. Waste Management，1996，16（1-3）：113-117.

[95] 牛海成，范玉辉，张向冈，等. 不同取代率下再生混凝土抗冻融性能试验 [J]. 材料科学与工程学报，2018，36（4）：615-620.

[96] Medina C，Rojas M I S D，Frías M. Freeze-thaw durability of recycled concrete containing ceramic aggregate [J]. Journal of Cleaner Production，2013，40（2）：151-160.

[97] 周静海，康天蓓，王凤池. 废弃纤维再生混凝土孔结构及碳化性能分形特征研究 [J]. 硅酸盐通报，2017，36（5）：1686-1692.

[98] Meng X H，He C，Feng X F. Research on mechanical properties of fiber recycled concrete [J]. Applied Mechanics and Materials，2011，94：909-912.

[99] 周静海，岳秀杰，白姝君. 废弃纤维再生混凝土的氯离子抗渗性能 [J]. 济南大学学报（自然科学版），2013，27（3）：320-324.

[100] Koo B M，Kim J J，Kim S B，et al. Material and structural performance evaluations of hwangtoh admixtures and recycled pet fiber-added eco-friendly concrete for CO_2 emission reduction [J]. Materials，2014，7（8）：5959-5981.

[101] Soroushian P，Shah Z，Won J P，et al. Durability and moisture sensitivity of recycled wastepaper-fiber-cement composites [J]. Cement & Concrete Composites，1994，16（2）：115-128.

[102] 吴中伟. 绿色高性能混凝土与科技创新 [J]. 建筑材料学报，1998，（1）：1-7.

[103] Tanaka K，Kurumisawa K. Development of technique for observing pores in hardened cement paste [J]. Cement & Concrete Research，2002，32（9）：1435-1441.

[104] Machmeier P，Matuszewski T，Jones R，et al. Effect of chromium additions on the mechanical and physical properties and microstructure of Fe-Co-Ni-Cr-Mo-C ultra-high strength steel：Part I [J]. Journal of Materials Engineering & Performance，1997，6（3）：279-288.

[105] 吴中伟. 混凝土科学技术近期发展方向的探讨 [J]. 硅酸盐学报，1979，（3）：82-90.

[106] 陈悦，李东旭. 压汞法测定材料孔结构的误差分析 [J]. 硅酸盐通报，2006，25（4）：198-201.

[107] Pape H，Clauser C，Iffland J. Permeability prediction based on fractal pore-space geometry [J]. Geophysics，1999，64（5）：1447-1460.

[108] Bágel L，Živica V. Relationship between pore structure and permeability of hardened cement mortars：On the choice of effective pore structure parameter [J]. Cement & Concrete Research，1997，27（8）：1225-1235.

[109] 吴中伟. 高性能混凝土 [M]. 北京：中国铁道出版社，1999.

[110] Basheer L，Kropp J，Cleland D J. Assessment of the durability of concrete from its permeation properties：a review [J]. Construction & Building Materials，2001，15（2）：93-103.

[111] Ravindrarajah R S，Tam C T. Properties of concrete made with crushed concrete as coarse aggregate [J]. Magazine of Concrete Research，1985，37（130）：29-38.

[112] Toutanji H，Mcneil S，Bayasi Z. Chloride permeability and impact resistance of polypropylene-fiber-reinforced silica fume concrete [J]. Cement & Concrete Research，1998，28（7）：961-968.

[113] Zaharieva R，Buyle-Bodin F，Skoczylas F，et al. Assessment of the surface permeation properties of recycled aggregate concrete [J]. Cement & Concrete Composites，2003，25（2）：223-232.

[114] 余红发，孙伟，鄢良慧，等. 混凝土使用寿命预测方法的研究Ⅱ——模型验证与应用 [J]. 硅酸盐学报，2002，30（6）：691-695.

[115] 陈浩宇，余红发，刘连新，等. 混凝土在海洋环境和除冰盐条件下的氯离子扩散行为 [J]. 土木工程与管理学报，2005，22（3）：48-52.

[116] 吴庆令，余红发，梁丽敏，等. 海工混凝土的氯离子扩散性与寿命评估 [J]. 建筑材料学报，2009，12（6）：711-715.

[117] 王德志. 沿海公路钢筋混凝土桥梁氯盐侵蚀的调研与分析 [J]. 北京工业大学学报，2006，32（2）：187-192.

[118] 吴建华，张亚梅. 混凝土抗氯离子渗透性试验方法综述 [J]. 混凝土，2009，（2）：38-41.

[119] Hobbs D W. Aggregate influence on chloride ion diffusion into concrete [J]. Cement & Concrete Research，1999，29（12）：1995-1998.

[120] Chatterji S. On the applicability of Fick's second law to chloride ion migration through portland cement concrete [J]. Cement & Concrete Research，1995，25（2）：299-303.

[121] ASTM C1202-12. Standard test method for electrical indication of concrete's ability to resist chloride ion penetration [S]. Philadelphia：American Society of Testing Materials Standards，2000，C04（02）.

[122] Romer M. Comparative test—Part I—Comparative test of "penetrability" methods [J]. Materials and Structures，2005，38（10）：895-906.

[123] 赵铁军. 混凝土渗透性 [M]. 北京：科学出版社，2005.

[124] 王晨飞. 氯盐环境下聚丙烯纤维混凝土耐久性能研究 [D]. 西安：西安建筑科技大学，2012.

[125] T259-80. Standard method of test for resistance of concrete to chloride ion penetration [S]. Washington：American Association of State Highway and Transportation Officials，1994.

[126] Luping T，Nilsson L O. Rapid determination of the chloride diffusivity in concrete by applying an electric field [J]. Materials Journal，1993，89（1）：49-53.

[127] 陈浩宇，李俊毅，李美丹. 不同氯离子测试方法的比较 [C]. 全国混凝土及预应力混凝土学术会议，2007.

[128] 赵铁军，万小梅. 一种预测混凝土氯离子扩散系数的方法 [J]. 工业建筑，2001，31（12）：40-42.

[129] Ababneh A，Xi Y. An experimental study on the effect of chloride penetration on moisture diffusion in concrete [J]. Materials & Structures，2002，35（10）：659-663.

[130] 王立成，王吉忠. 混凝土中氯离子扩散过程的细观数值模拟研究 [J]. 建筑结构学报，2008，29（s1）：192-196.

[131] 张奕. 氯离子在混凝土中的输运机理研究 [D]. 杭州：浙江大学，2008.

[132] 余红发，孙伟，麻海燕. 混凝土在多重因素作用下的氯离子扩散方程 [J]. 建筑材料学报，2002，5（3）：240-247.

[133] Boddy A，Bentz E，Thomas M D A，et al. An overview and sensitivity study of a multimechanistic

chloride transport model - effect of fly ash and slag [J]. Cement & Concrete Research，1999，29 (29)：827-837.

[134] 张鸿儒. 基于界面参数的再生骨料混凝土性能劣化机理及工程应用 [D]. 杭州：浙江大学，2016.

[135] Otsuki N，Miyazato S，Yodsudjai W. Influence of recycled aggregate on interfacial transition zone, strength，chloride penetration and carbonation of concrete [J]. Journal of Materials in Civil Engineering，2003，15 (5)：443-451.

[136] 顾荣军，耿欧，卢刚，等. 再生混凝土抗氯离子渗透性能研究 [J]. 混凝土，2011，(8)：39-41.

[137] 马成畅，张文华，叶青，等. 预压荷载下聚丙烯纤维混凝土的抗氯离子渗透性能研究 [J]. 新型建筑材料，2007，34 (5)：14-15.

[138] 任梦宁. 基于 Najar 能量法的混凝土分形损伤本构模型研究 [D]. 西安：西安建筑科技大学，2013.

[139] 朱华，姬翠翠. 分形理论及其应用 [M]. 北京：科学出版社，2011.

[140] 谢和平. 分形应用中的数学基础与方法 [M]. 北京：科学出版社，1997.

[141] 倪玉山. 混凝土细观结构断裂的分形分析 [J]. 大连理工大学学报，1997 (s1)：74-78.

[142] Carpinteri A，Chiaia B，Cornetti P. A mesoscopic theory of damage and fracture in heterogeneous materials [J]. Theoretical and applied fracture mechanics，2004，41 (1-3)：43-50.

[143] Issa M A，Issa M A，Islam M S，et al. Fractal dimension—a measure of fracture roughness and toughness of concrete [J]. Engineering Fracture Mechanics，2003，70 (1)：125-137.

[144] Zhang B，Li S. Determination of the surface fractal dimension for porous media by mercury porosimetry [J]. Industrial & Engineering Chemistry Research，1995，34 (4)：1383-1386.

[145] 唐明，杨帆，陈哲. 水泥基材料混沌分形特征与耐久性 [J]. 混凝土，2010 (6)：1-5.

[146] 夏春，刘浩吾. 混凝土细骨料级配的分形特征研究 [J]. 西南交通大学学报，2002，37 (2)：186-189.

[147] 刘小艳，李文伟，梁正平. 分形理论在混凝土断裂面研究中的应用 [J]. 三峡大学学报（自然科学版），2003，25 (6)：495-499.

[148] Carpinteri A，Lacidogna G，Niccolini G. Fractal analysis of damage detected in concrete structural elements under loading [J]. Chaos Solitons & Fractals，2009，42 (4)：2047-2056.

[149] 殷新龙，孙洪泉，薛祯钰，等. 橡胶混凝土梁裂缝分形理论分析 [J]. 土木建筑与环境工程，2013 (s2)：157-159.

[150] Addison P S，Mckenzie W M C，Ndumu A S，et al. Fractal cracking of concrete：parameterization of spatial diffusion [J]. Journal of Engineering Mechanics，1999，125 (6)：622-629.

[151] 刘建国，王洪涛，聂永丰. 多孔介质中溶质有效扩散系数预测的分形模型 [J]. 水科学进展，2004，15 (4)：458-462.

[152] 唐明，李婧琦，姜明，等. 混凝土碳化深度的精细测量与分形特征 [J]. 沈阳建筑大学学报（自然科学版），2013，29 (2)：313-319.

[153] 谢和平. 分形几何及其在岩土力学中的应用 [J]. 岩土工程学报，1992，14 (1)：14-24.

[154] Diamond S. Aspects of concrete porosity revisited [J]. Cement & Concrete Research，1999，29 (8)：1181-1188.

[155] 郑山锁，任梦宁，谢明，等. 混凝土断裂面多重分形谱的二次拟合研究 [J]. 工程力学，2013，30 (5)：97-102.

[156] GB/T 25177—2010. 混凝土用再生粗骨料 [S]. 北京：中国标准出版社，2010.

[157] GB/T 50081—2002. 普通混凝土力学性能试验方法标准 [S]. 北京：中国标准出版社，2002.

[158] 刘鹏宇. 等量砂浆法配置再生混凝土的力学性能和收缩及抗冻性能研究 [D]. 哈尔滨：哈尔滨工业

大学，2013.

[159] 孙峣. 基体混凝土及制备工艺对再生混凝土性能影响的试验研究 [D]. 哈尔滨：哈尔滨工业大学，2014.

[160] Song W, Jian Y. Hybrid effect evaluation of steel fiber and carbon fiber on the performance of the fiber reinforced concrete [J]. Materials, 2016, 9 (8): 704.

[161] Oliveira L A P D, Castro-Gomes J P. Physical and mechanical behaviour of recycled PET fibre reinforced mortar [J]. Construction & Building Materials, 2011, 25 (4): 1712-1717.

[162] 周崇松. 水化硅酸钙（C-S-H）分子结构与力学性能的理论研究 [D]. 武汉：武汉大学，2012.

[163] Tang S W, He Z, Cai X H, et al. Volume and surface fractal dimensions of pore structure by NAD and LT-DSC in calcium sulfoaluminate cement pastes [J]. Construction & Building Materials, 2017, 143: 395-418.

[164] Farran J. Contibution mineralogique al'Etude de l'Adherence entre les constituants hydrates des ciment et les materiaux enrobes [J]. Reverse of Materials and Construction, 1956 (490-491): 151-172; (492): 191-209.

[165] Ollivier J P, Maso J C, Bourdette B. Interfacial transition zone in concrete [J]. Advanced Cement Based Materials, 1995, 2 (1): 30-38.

[166] 杜婷. 高性能再生混凝土微观结构及性能试验研究 [D]. 武汉：华中科技大学，2006.

[167] 尹红宇. 混凝土孔结构的分形特征研究 [D]. 广西：广西大学，2006.

[168] Dathe A, Eins S, Niemeyer J, et al. The surface fractal dimension of the soil-pore interface as measured by image analysis [J]. Geoderma, 2001, 103 (1): 203-229.

[169] Luck, J. D, Workman, S. R, Higgins, S. F, et al. Hydrologic properties of pervious concrete [J]. Transactions of the Asabe, 2006, 49 (6): 1807-1813.

[170] Ghafoori N, Dutta S. Laboratory investigation of compacted no-fines concrete for paving materials [J]. Journal of Materials in Civil Engineering, 1995, 7 (3): 183-191.

[171] Boudreau B P. The diffusive tortuosity of fine-grained unlithified sediments [J]. Geochimica Et Cosmochimica Acta, 1996, 60 (16): 3139-3142.

[172] Wyllie M R J, Gregory A R. Fluid flow through unconsolidated porous aggregates [J]. Industrial & Engineering Chemistry, 1955, 47 (7): 1379-1388.

[173] Zhong R, Xu M, Netto R V, et al. Influence of pore tortuosity on hydraulic conductivity of pervious concrete: Characterization and modeling [J]. Construction & Building Materials, 2016, 125: 1158-1168.

[174] Standard B, ISO B S. Pore size distribution and porosity of solid materials by mercury porosimetry and gas adsorption [S]. BS ISO, 2005: 15901-1.

[175] Rouquerol J, Rouquerol F, Llewellyn P, et al. Adsorption by powders and porous solids: principles, methodology and applications [M]. Cambridge: Academic press, 2013.

[176] Kumar R, Bhattacharjee B. Porosity, pore size distribution and in situ strength of concrete [J]. Cement & Concrete Research, 2003, 33 (1): 155-164.

[177] Mikhail R S, Brunauer S, Bodor E E. Investigations of a complete pore structure analysis: II. Analysis of four silica gels [J]. Journal of Colloid & Interface Science, 1968, 26 (1): 45-53.

[178] 王家滨，牛荻涛. 喷射混凝土渗透性、孔结构和力学性能关系研究 [J]. 硅酸盐通报，2018，37 (07): 2101-2108.

[179] Abell A B, Willis K L, Lange D A. Mercury intrusion porosimetry and image analysis of cement-based materials [J]. Journal of colloid and interface science, 1999, 211 (1): 39-44.

[180] Ying J, Zhou B, Xiao J. Pore structure and chloride diffusivity of recycled aggregate concrete with nano-SiO₂, and nano-TiO₂ [J]. Construction & Building Materials, 2017, 150: 49-55.

[181] Winslow D, Liu D. The pore structure of paste in concrete [J]. Cement & Concrete Research, 1990, 20 (2): 227-235.

[182] Rübner K, Hoffmann D. Characterization of mineral building materials by mercury-intrusion porosimetry [J]. Particle & Particle Systems Characterization, 2010, 23 (1): 20-28.

[183] 邓雯琴. 纤维混凝土的孔结构特征与耐久性分析 [D]. 大连：大连交通大学, 2010.

[184] 施惠生, 方泽锋. 粉煤灰对水泥浆体早期水化和孔结构的影响 [J]. 硅酸盐学报, 2004, 32 (1): 95-98.

[185] JTJ 270-98. 水运工程混凝土试验规程 [S]. 北京：人民交通出版社, 1998.

[186] JGJ/T 322—2013. 混凝土中氯离子含量检测技术规程 [S]. 北京：中国建筑工业出版社, 2013.

[187] Yeau K Y, Kim E K. An experimental study on corrosion resistance of concrete with ground granulate blast-furnace slag [J]. Cement & Concrete Research, 2005, 35 (7): 1391-1399.

[188] Xiao J, Li W, Corr D J, et al. Effects of interfacial transition zones on the stress-strain behavior of modeled recycled aggregate concrete [J]. Cement & Concrete Research, 2013, 52 (10): 82-99.

[189] Vázquez E, Barra M, Aponte D, et al. Improvement of the durability of concrete with recycled aggregates in chloride exposed environment [J]. Construction & Building Materials, 2014, 67: 61-67.

[190] 吴相豪, 岳鹏君. 再生混凝土中氯离子渗透性能试验研究 [J]. 建筑材料学报, 2011, 14 (3): 381-384.

[191] 张奕, 姚昌建, 金伟良. 干湿交替区域混凝土中氯离子分布随高程的变化规律 [J]. 浙江大学学报（工学版）, 2009, 43 (2): 360-365.

[192] Giorv O. 严酷环境下混凝土结构的耐久性设计 [M]. 北京：中国建材工业出版社, 2010.

[193] 李春秋. 干湿交替下表层混凝土中水分与离子传输过程研究 [D]. 北京：清华大学, 2009.

[194] 孙丛涛. 基于氯离子侵蚀的混凝土耐久性与寿命预测研究 [D]. 西安：西安建筑科技大学, 2011.

[195] 刘光, 邱贞花. 离子溶液物理化学 [M]. 福建：福建科学技术出版社, 1987.

[196] Cerny R, Rovnanikova P. Transport processes in concrete [M]. Florida : CRC Press, 2002.

[197] Collepardi M, Marcialis A, Turriziani R. Penetration of chloride ions into cement pastes and concretes [J]. Journal of the American Ceramic Society, 2010, 55 (10): 534-535.

[198] Amey S L, Johnson D A, Miltenberger M A, et al. Predicting the service life of concrete marine structures: an environmental methodology [J]. Structural Journal, 1998, 95 (2): 205-214.

[199] Costa A, Appleton J. Chloride penetration into concrete in marine environment-Part II: Prediction of long term chloride penetration [J]. Materials & Structures, 1999, 32 (5): 354-359.

[200] Mumtaz K, Kassir M G. Chloride-induced corrosion of reinforced concrete bridge decks [J]. Cement & Concrete Research, 2002, 32 (1): 139-143.

[201] Song H W, Lee C H, Ann K Y. Factors influencing chloride transport in concrete structures exposed to marine environments [J]. Cement & Concrete Composites, 2008, 30 (2): 113-121.

[202] 赵羽习, 王传坤, 金伟良, 等. 混凝土表面氯离子浓度时变规律试验研究 [J]. 土木建筑与环境工程, 2010, 32 (3): 8-13.

[203] Chia K S, Zhang M H. Water permeability and chloride penetrability of high-strength lightweight aggregate concrete [J]. Cement & Concrete Research, 2002, 32 (4): 639-645.

[204] Epstein N. On tortuosity and the tortuosity factor in flow and diffusion through porous media [J]. Chemical Engineering Science, 1989, 44 (3): 777-779.

[205] Katz A J, Thompson A H. Fractal sandstone pores: implications for conductivity and pore formation [J]. Physical Review Letters, 1985, 54 (12): 1325-1328.

[206] Zhang T, Gjørv O E. Diffusion behavior of chloride ions in concrete [J]. Cement and Concrete Research, 1996, 26 (6): 907-917.

[207] Dhir R K, Jones M R, Ng S L D. Prediction of total chloride content profile and concentration/time-dependent diffusion coefficients for concrete [J]. Magazine of Concrete Research, 1998, 50 (1): 37-48.

[208] Takewaka K, Mastumoto S. Quality and cover thickness of concrete based on the estimation of chloride penetration in marine environments [J]. Special Publication, 1988, 109: 381-400.

[209] Mangat P S, Molloy B T. Prediction of free chloride concentration in concrete using routine inspection data [J]. Magazine of Concrete Research, 1994, 46 (169): 279-287.

[210] 史策. 热传导方程有限差分法的 MATLAB 实现 [J]. 咸阳师范学院学报, 2009, 24 (4): 27-29.

[211] 陆金甫, 关治. 偏微分方程数值解法 [M]. 北京: 清华大学出版社, 1987.

[212] 刘欣. 荷载氯盐侵蚀耦合作用下混凝土构件寿命预测研究 [D]. 天津: 天津大学, 2012.

[213] 王传坤, 高祥杰, 赵羽习, 等. 混凝土表层氯离子含量峰值分布和对流区深度 [J]. 硅酸盐通报, 2010, 29 (2): 262-267.

[214] Huang Y, Wei J, Dong R, et al. Chloride ion transmission model under the drying-wetting cycles and its solution [J]. Journal of Wuhan University of Technology-Mater. Sci. Ed., 2014, 29 (3): 445-450.

[215] Rincón O T D, Castro P, Moreno E I, et al. Chloride profiles in two marine structures—meaning and some predictions [J]. Building & Environment, 2004, 39 (9): 1065-1070.

[216] LIFECON. Service life models: instructions on methodology and application of models for the prediction of the residual service life for classified environmental loads and types of structures in Europe [R]. Life Cycle Management of Concrete Infrastructures for Improved Sustainability, 2003.

[217] 陈伟, 许宏发. 考虑干湿交替影响的氯离子侵入混凝土模型 [J]. 哈尔滨工业大学学报, 2006, 38 (12): 2191-2193.

[218] DuraCrete. General guidelines for durability design and redesign (BRPR-CT95-O132-E95-1347) [S]. European Union-Brite Euram III, 2000.

[219] 中国土木工程学会标准. 混凝土结构耐久性设计与施工指南 (CCES 01-2004) [S]. 北京: 中国建筑工业出版社, 2005.

[220] Thomas M D A, Bamforth P B. Modelling chloride diffusion in concrete: effect of fly ash and slag [J]. Cement and Concrete Research, 1999, 29 (4): 487-495.

[221] 金立兵. 多重环境时间相似理论及其在沿海混凝土结构耐久性中的应用 [D]. 杭州: 浙江大学, 2008.

[222] Vera G D, Climent M A, Viqueira E, et al. A test method for measuring chloride diffusion coefficients through partially saturated concrete. Part II: The instantaneous plane source diffusion case with chloride binding consideration [J]. Cement & Concrete Research, 2007, 37 (5): 714-724.

[223] Anders L. Chloride ingress data from field and laboratory exposure-Influence of salinity and temperature [J]. Cement & Concrete Composites, 2007, 29 (2): 88-93.